Désiré Roulin

Mélanges de Sciences et d'histoire naturelle

Essai

 Le code de la propriété intellectuelle du 1er juillet 1992 interdit en effet expressément la photocopie à usage collectif sans autorisation des ayants droit. Or, cette pratique s'est généralisée dans les établissements d'enseignement supérieur, provoquant une baisse brutale des achats de livres et de revues, au point que la possibilité même pour les auteurs de créer des œuvres nouvelles et de les faire éditer correctement est aujourd'hui menacée. En application de la loi du 11 mars 1957, il est interdit de reproduire intégralement ou partiellement le présent ouvrage, sur quelque support que ce soit, sans autorisation de l'Éditeur ou du Centre Français d'Exploitation du Droit de Copie , 20, rue Grands Augustins, 75006 Paris.

ISBN : 978-1977923066

10 9 8 7 6 5 4 3 2 1

Désiré Roulin

Mélanges de Sciences et d'histoire naturelle

Essai

Table de Matières

LE GUACO ET LES CURANDEROS DE L'AMÉRIQUE DU SUD	6
LES JACHÈRES DE FRANCE ET LES CAPOEIRAS DU BRÉSIL	23
L'ARBRE SAINT DE L'ILE DE FER	35

LE GUACO ET LES CURANDEROS DE L'AMÉRIQUE DU SUD

C'était autrefois une chose bien consolante que de lire un traité de matière médicale, car non-seulement on y voyait pour chaque maladie vingt remèdes infaillibles, mais on y trouvait encore le moyen de se préserver des divers accidents et d'attirer sur soi toute sorte de prospérités.

Chaque plante, en effet, avait, outre ses nombreuses vertus curatives, quelque propriété mystérieuse que l'auteur du livre ne manquait pas de faire connaître ; l'une, portée dans la poche, éclaircissait la vue ; l'autre défendait contre l'action du mauvais œil ; celle-ci faisait découvrir les trésors cachés ; celle-là rendait heureux au jeu.

Rien n'était impossible à l'homme qui connaissait les vertus des herbes ; il pouvait se faire aimer des femmes, mettre la discorde parmi ses ennemis, attirer le gibier dans ses pièges, le poisson dans ses filets, se faire suivre des loups et obéir des serpents.

La plupart de ces merveilles étaient déjà connues de l'antiquité, mais ce fut surtout au moyen âge qu'elles acquirent une grande importance ; alors on les réduisit en corps de doctrine, on en expliqua même le plus grand nombre, c'est-à-dire qu'on les ramena à un principe unique en les faisant dériver de *sympathies* et *d'antipathies*, sorte de rapports par lesquels on croyait alors tous les êtres naturels liés les uns aux autres.

Ce mode d'explication continua encore à être admis pendant la période dite de *la renaissance* ; mais si les recherches d'érudition et de critique littéraire n'avaient pu lui rien enlever de son autorité, il n'en fut pas de même des travaux de l'école expérimentale qui le firent rapidement tomber en discrédit. Toutefois il ne cessa entièrement d'avoir cours que pendant le règne du cartésianisme, époque durant laquelle on ne voulait reconnaître que des actions purement mécaniques, et où on allait jusqu'à refuser aux animaux le sentiment.

Aujourd'hui nous ne croyons plus que les animaux soient de simples machines, et nous leur avons rendu, sous le nom *d'instinct*, quelques-unes de leurs anciennes *antipathies*. Je ne vois pas trop pourquoi le mot lui-même a été rejeté du langage scientifique, et ce qu'on a gagné à réunir sous une seule dénomination des impulsions fort différentes par leur nature, et qui n'ont de commun que d'être également irréfléchies et de tendre toutes, soit à la conservation de l'individu, soit à celle de l'espèce. Il y a même eu, indépendamment de la confusion qui est résultée de cette réunion, un autre inconvénient très réel : c'est qu'on a été porté à rejeter comme fausses les antipathies ou les sympathies dont on n'apercevait pas le but, et qu'on ne pouvait ainsi rattacher aux impulsions instinctives.

Lorsque nous voyons un jeune chien s'effrayer et prendre la fuite la première fois qu'il se trouve en présence d'un loup, animal dont l'espèce est très voisine de la sienne, tandis qu'il s'avance hardiment vers un cheval ou un taureau ; si nous ne concevons pas d'où peut naître en lui cette frayeur, nous sentons du moins comment elle rentre dans les vues générales de la nature ; nous savons que s'il lui fallait un premier essai pour apprendre que le loup est un animal nuisible, il n'acquerrait d'ordinaire l'expérience qu'en perdant la vie. Nous disons donc que sa frayeur est *instinctive*, et le mot prononcé, notre esprit est en repos. Mais comment nous retournerons-nous en voyant la crainte que fait éprouver à un lion une faible souris ? Cependant le fait est constant. S'il se trouvait rapporté dans Pline ou dans Solin, on se tirerait d'affaire en le niant ; mais il a été observé à la ménagerie du Jardin des Plantes M. Cuvier l'atteste, il n'y a pas moyen qu'on le rejette ; il faut se contenter de le négliger.

C'est une chose remarquable que, tandis que la souris est pour la plus faible espèce du genre *felis* un jouet, une proie ordinaire, elle soit pour les deux plus puissantes un objet d'aversion et même de terreur ; car ce n'est pas le lion seulement qui tremble à sa vue, le redoutable tigre d'Asie, le tigre royal, est atteint de la même faiblesse. Voici ce que rapporte à ce sujet et comme témoin oculaire un excellent observateur, le capitaine Basil Hall :

« Nous eûmes, dit-il, l'occasion d'étudier tout à notre aise les habitudes du tigre sur un bel animal de cette espèce qui était nourri chez le résident britannique où il avait été apporté tout petit deux ans auparavant. Il était enfermé dans une cage en plein air, au milieu de la cour des écuries, et cette cage était grande comme une chambre ordinaire, de sorte qu'il y pouvait gambader et sauter tout à son aise. Il mangeait par jour un mouton, sans compter quelques morceaux de viande qu'on lui donnait par occasion. Nos jeunes gens se plaisaient quelquefois à le tourmenter ; alors il se précipitait contre les barreaux de sa cage, et poussait des rugissements qui faisaient trembler de frayeur et hennir lamentablement les chevaux des écuries voisines.

« Les genres de tourments qu'on lui faisait subir étaient différents : tantôt on le piquait avec un bâton pointu, tantôt on le *tantalisait* en lui présentant des morceaux de viande qui étaient retirés avant qu'il eût pu les saisir ; mais ce qui le vexait par-dessus tout, c'était de faire entrer dans sa cage une souris. Jamais petite maîtresse n'a manifesté plus de frayeur à la vue d'une araignée que ce magnifique animal à l'aspect du petit rongeur. Le grand divertissement consistait à attacher par la queue la souris au bout d'un bâton, et à la lui porter ainsi tout près du nez. Du moment où il la voyait, il s'élançait au côté opposé ; si on obligeait la souris à s'avancer vers ce point, il se reculait dans un coin en se pressant contre les barreaux ; il tremblait, criait et paraissait en proie à des angoisses si grandes, qu'il finissait d'ordinaire par exciter notre compassion et nous forcer à cesser le jeu. Quelquefois cependant nous voulûmes le contraindre à s'avancer vers le lieu où la petite souris, ne se doutant guère de la frayeur qu'elle inspirait, et n'en ressentant elle-même aucune, trottinait pour gruger des miettes : il en coûtait toujours beaucoup de peine pour l'obliger à se mouvoir, et nous n'y réussissions guère qu'en faisant partir près de lui un pétard ; mais alors, au lieu de s'avancer tout droit ou de prendre un détour pour éviter l'objet de ses craintes, il faisait un bond d'une telle hauteur, que son dos atteignait presque le sommet de la cage. »

On n'a jusqu'à présent reconnu dans notre chat domestique rien qui ressemblât à ces étranges antipathies du tigre et du lion pour les souris, mais chacun connaît et personne ne s'explique l'extrême passion qu'il a pour certaines plantes, pour le *marum*, la *valeriane*, et surtout pour le *nepeta cataria*. Pour conserver cette dernière plante dans les jardins, on est obligé de l'entourer d'un treillage fermé. Si on néglige cette précaution, les chats l'ont bientôt détruite à force de se rouler sur elle. L'odeur les attire de fort loin et paraît les rendre ivres de plaisir ;[1] ils passent et repassent sur la touffe, se

---

[1] Il paraîtrait que l'odeur de l'assa-foetida produit sur les loups un effet analogue. Ainsi, dans les livres de secrets on trouve, à l'article des moyens indiqués pour la destruction des bêtes fauves, la recette d'une composition dans laquelle cette drogue entre comme principal ingrédient, et dont les hommes qui vont amorcer

caressent contre les rameaux et mordent dans une sorte de frénésie les feuilles dont cependant ils ne se nourrissent point.

D'autres plantes produisent sur certains animaux des effets non moins marqués, mais tout contraires ; tel serait, s'il en fallait croire Pline, l'effet du frêne sur les serpents. « Rien, dit-il, n'est meilleur contre la morsure des serpents que de boire le jus des feuilles de frêne et d'appliquer les feuilles sur la plaie. L'arbre lui-même est si contraire à ces animaux, qu'ils en fuient jusqu'à l'ombre. « J'ai vu, ajoute-t-il, un serpent renfermé dans un cercle formé en partie de feu et en partie de feuilles de frêne, s'échapper du côté du feu plutôt que de passer à travers les feuilles. Et certes il faut ici admirer la prévoyance maternelle de la nature, qui a fait que le frêne est déjà en fleurs avant que les serpents sortent de terre, et qu'il conserve sa verdure jusqu'au temps où ils se retirent dans leurs trous. »

On s'est habitué à ne pas attacher grande importance au témoignage de Pline, et il faut convenir qu'il donne à chaque instant des preuves d'une crédulité puérile, mais on ne l'accuse guère d'être menteur, et ici il raconte un fait dont il a été témoin. A la vérité, l'expérience répétée dans les temps modernes a plus d'une fois échoué. Camerarius dit qu'elle ne réussit point pour le frêne et les serpents d'Allemagne, et Moyse Charas, dans ses expériences sur la vipère, assure qu'ayant placé, au milieu d'un cercle de feuilles de frêne de trois pieds de diamètre, un de ces animaux, celui-ci, loin de paraître effrayé, alla aussitôt se cacher sous les feuilles. Peut-être le frêne employé par Camerarius et Charas n'était-il pas celui dont Pline avait fait usage, car cet auteur en distingue positivement

---

les pièges à loups doivent frotter la semelle de leurs souliers. A la vérité les livres qui traitent de ces matières sont remplis d'absurdités si choquantes, qu'on est toujours tenté de rejeter sans examen tout ce qu'on y rencontre d'un peu suspect ; mais ici peut-être serait-ce aller trop loin que de nier l'efficacité de la recette ; et nous savons que dans plusieurs parties de l'Amérique septentrionale on emploie avec succès, pour attirer les loups, un moyen qui se fonde sur la même propriété. Voici ce qu'on lit à ce sujet dans un ouvrage publié récemment (*Notes of Illinois*). « L'odeur de Passa-foetida brûlé a sur ces animaux un effet remarquable. Si on allume un feu dans le bois, et qu'on y jette une quantité suffisante de cette drogue pour que l'atmosphère soit imprégnée de l'odeur, tous les loups qui se trouvent dans l'espace où la vapeur se répand s'assemblent immédiatement et s'approchent du bûcher en hurlant d'une manière lamentable. La fascination qui semble agir sur eux est si puissante, qu'on peut tirer des coups de fusil et en tuer plusieurs avant que les autres se décident à quitter la place. »

quatre espèces. Quoi qu'il en soit, nos frênes européens ne sont pas les seuls parmi lesquels il faille chercher une semblable propriété ; le frêne blanc d'Amérique passe aux États-Unis pour en être également doué, et une expérience récente semble confirmer l'opinion commune.

Voici comme le fait est raconté dans un des derniers numéros du journal de Silliman.

Au mois d'août dernier, j'allai au Mahoning avec M. Kertland et le docteur Dutton, pour y tirer des cerfs à l'affût, en un lieu où je savais que ces animaux ont la coutume de venir paître la mousse qui reste attachée aux pierres de la rivière quand l'eau est basse. Après avoir été à notre poste environ une heure, nous vîmes paraître, au lieu d'un cerf, un serpent-sonnette, qui était sorti d'un trou du rocher sur lequel nous étions placés, et qui s'avançait vers l'eau à travers une étroite plage sablonneuse. En entendant nos voix, ou peut-être pour quelque autre cause, il s'arrêta et resta allongé, la tête tout près de la rivière. Il me parut que c'était une bonne occasion pour vérifier ce que j'avais entendu dire de la vertu des feuilles du frêne blanc *(white ash)* ; en conséquence, je priai mes compagnons de faire le guet, tandis que j'irais chercher une branche de cet arbre. Je me dirigeai alors vers une partie de terrain bas, qui était éloigné de trente à quarante perches de la rivière, et je revins bientôt avec une pousse de frêne blanc de huit à dix pieds de longueur et une d'érable à sucre, afin d'essayer comparativement le pouvoir des deux. Je m'avançai alors vers le serpent, en me plaçant entre son trou et lui, afin de lui couper la retraite. Quand j'en fus à sept ou huit pieds, il se *louva* (se mit en rond), éleva sa tête de huit ou dix pouces, et brandissant sa langue, fit voir qu'il se préparait au combat. Je lui présentai d'abord la branche de frêne blanc, de manière à lui toucher le corps avec les feuilles. Aussitôt il laissa tomber sa tête, étendit son corps, et se roulant sur le dos, il commença à se tortiller comme sous l'influence des plus grandes angoisses. Après avoir bien constaté cet effet, je mis de côté la branche de frêne, et, au même moment, le serpent s'enroula de nouveau et reprit son attitude menaçante. Lui ayant alors présenté la branche d'érable, il s'élança jusqu'à plonger sa tête au milieu de la touffe que formaient les feuilles, revint sur lui-même, s'enroula de nouveau et s'élança une seconde fois de toute la longueur de son corps et avec la rapidité de la flèche. Après m'être ainsi amusé de sa fureur pendant quelque temps, je repris la branche de frêne, et la lui présentai sur-le-champ il laissa tomber sa tête, et s'étendit sur le dos comme la première fois. Je voulus voir si en le fouettant avec cette branche je parviendrais à l'exciter et le porter à se défendre. Je le frappai donc de plusieurs coups, mais ce traitement, au lieu d'éveiller sa colère, ne fit qu'augmenter son trouble, et bientôt il frappa la terre de sa tête, comme s'il eût voulu y faire une ouverture pour échapper à cette persécution.

L'expérience terminée, nous ne voulûmes pas tuer l'animal qui en avait été le sujet, et en nous éloignant, nous le vîmes regagner son trou, fort désireux, à ce qu'il semblait, de ne pas se trouver une seconde fois sur notre passage.

Je ne me rends pas garant de l'exactitude du récit qu'on vient de lire ; mais, du reste, je ne vois pas ce qu'il y aurait de répugnant pour la raison à admettre que le frêne possède une propriété qu'on est obligé de reconnaître, et avec des circonstances encore plus merveilleuses, dans d'autres plantes du Nouveau-Monde.

Dans presque toutes les parties chaudes de l'Amérique espagnole, on emploie, pour arrêter les effets de la morsure des serpents et pour se préserver de l'atteinte de ces dangereux reptiles, certaines plantes qu'on désigne souvent sous un nom commun, quoiqu'elles appartiennent à des espèces et probablement à des genres différeras. On les nomme lianes de guaco *(bejucos de guaco)*, parce que c'est, dit-on, à l'oiseau guaco qu'on doit la découverte de leurs propriétés.

Le guaco est un butor à peu près de la taille du nôtre, mais plus léger de forme et plus brillant de couleur, sa robe étant agréablement nuancée de blanc, de gris cendré et de bleu ardoise. Il a reçu lui-même son nom du cri qu'il jette le soir, lorsque, perché sur la cime d'un arbre mort, il épie au loin les serpents dans la campagne. Un cri semblable a fait donner à un héron crabier, très répandu dans l'ancien continent, le nom de *guacco* ou *sguacco*, comme l'écrit Aldrovande.

Les effets du guaco ont été d'abord connus en Europe par la relation des expériences que le célèbre botaniste Mutis fit en 1788, à Mariquita, petite ville de la Nouvelle-Grenade. Ayant moi-même habité cette ville, j'ai eu occasion d'interroger plusieurs des personnes qui avaient été présentes aux premiers essais, et je me suis assuré que le récit inséré par Cavanilles dans les *Anales de ciencias naturales* ne contenait rien qui ne fût parfaitement conforme à la vérité. Voici en somme ce que j'ai appris sur ce sujet :

Un nègre esclave, nommé Pio, qu'un des principaux habitans de Mariquita, don Jose Armero, avait amené d'une province éloignée, s'était rendu célèbre par la hardiesse avec laquelle il maniait les serpents les plus redoutés. On avait vu ces animaux devenus timides en sa présence, chercher souvent à le fuir, mais jamais à le blesser ; et l'on assurait qu'il pouvait, au moyen d'une certaine opération, communiquer à d'autres personnes un semblable pouvoir. La chose parvint aux oreilles de Mutis, et tout étrange qu'elle lui semblât, il ne dédaigna pas de s'en occuper. Il pensait avec raison qu'il vaut mieux perdre quelque temps à poursuivre une chimère, quitte à faire rire un peu à ses dépens, que de s'exposer, par une dédaigneuse insouciance ou un excès de scepticisme, à laisser échapper une découverte importante. Il ne tarda pas à se convaincre de la réalité du fait ; et dès-lors il chercha, par toutes sortes de moyens, à obtenir du nègre la communication de son secret, afin de le divulguer dans l'intérêt général. Cela n'était pas aussi aisé qu'on serait tenté de le croire. Les *curanderos* (c'est ainsi que l'on nomme dans le pays les hommes qui guérissent les morsures des serpents) forment entre eux une sorte de confrérie. En recevant le secret, ils s'obligent à ne le communiquer que sous certaines conditions, et à des gens qui en feront comme eux un métier. Ils sont astreints, à ce qu'il semble, à diverses pratiques superstitieuses, et c'est une raison pour qu'ils se cachent encore, afin d'éviter les tracasseries qui leur seraient suscitées par les curés ; enfin, ce qui paraîtra plus étrange, ils considèrent les serpents comme des êtres qui leur sont nécessaires, et en général ils évitent de leur faire du mal.

J'ai voyagé avec un guide qui appartenait à cette confrérie, et je fus fort surpris de voir que, lorsque nous trouvions dans notre chemin quelque serpent, au lieu de chercher à le tuer, comme eût fait tout autre campagnard, il se contentait de lui jeter de petites pierres seulement pour l'avertir de nous laisser la route libre. Lorsque je l'interrogeai sur la cause de cette bizarrerie, il m'assura gravement que, s'il tuait un de ces animaux, il perdrait son pouvoir sur la race entière. Je suis persuadé qu'il ne croyait pas un mot de ce qu'il me disait, et je savais déjà que c'était un déterminé menteur ; mais ce qu'il y a de certain, c'est qu'il ne voulait pas tuer les serpents, et que la plupart des *curanderos* ont les mêmes égards pour ces vilains animaux.

A force de prières, de promesses, de menaces même, et en usant de toute l'influence que lui donnait son caractère d'ecclésiastique, Mutis parvint à arracher à l'esclave son secret. Afin de le répandre plus sûrement, il voulut en constater d'abord l'efficacité de la manière la plus authentique ; et ainsi il commença une série d'expériences auxquelles il appela, comme témoins, nombre de personnes recommandables.

La première expérience eut lieu le 30 mai 1788, à Mariquita, dans la maison de Mutis, en présence de plus de trente personnes. Là se trouvaient don Diego Ugaldo, depuis chanoine à Cordoue en Espagne ; don Anselme Alvarez, conservateur de la bibliothèque de Santa-Fé ; don Pedro Vargas, corrégidor de Zipaquira ; plusieurs savants et artistes attachés à la *royale expédition botanique* ; enfin quelques curieux, parmi lesquels je nommerai seulement celui dont je tiens la plupart de ces détails, don Domingo Conde. Bientôt arriva le nègre Pio, portant sur lui un serpent des plus venimeux qu'il commença à manier, à tourner entre ses mains, et même à secouer rudement, sans que l'animal montrât ni crainte ni colère. Le corrégidor Vargas, soupçonnant quelque supercherie, et croyant que le serpent avait eu les dents arrachées, l'excita du coin du manteau. Le reptile se redressa aussitôt, et se jeta avec fureur sur le morceau de drap dans lequel il enfonça des crochets longs de plus de dix lignes ; mais l'esclave le frappant de la main, comme pour le punir de sa pétulance, il redevint aussi soumis, aussi doux qu'auparavant. Vargas alors, ne doutant plus de l'efficacité de la plante de guaco, voulut subir sur-le-champ l'opération par laquelle le nègre s'était rendu invulnérable, et son exemple fut suivi par plusieurs personnes présentes, notamment par don Francisco Zavaraïn, secrétaire de Mutis, et par Matis, peintre d'histoire naturelle. Ce dernier vivait encore lorsque j'habitais Santa-Fé, et j'ai eu occasion de parler avec lui plusieurs fois de cette fameuse expérience.

Les nouveaux initiés voulurent faire immédiatement l'essai de leur pouvoir, et ils commencèrent à toucher le serpent, qui d'abord fut aussi respectueux envers eux qu'envers le nègre ; mais bientôt ils le secouèrent de manière à l'irriter, et enfin Matis fut mordu au doigt median de la main droite assez profondément pour que le sang ruisselât de la blessure. Le cher homme ne m'a pas avoué combien il eut peur alors ; mais don Domingo Conde m'a dit qu'il n'avait vu de sa vie un homme si effrayé. La consternation, du reste, était générale ; le nègre seul ne témoignait aucune inquiétude : il frotta la morsure avec les feuilles froissées de la liane de *guaco*, et Matis n'éprouva aucun des accidents qu'une semblable blessure eût causés en toute autre circonstance. Il n'éprouvait que la douleur d'une piqûre ordinaire, et il put le même jour reprendre ses occupations.

Le corrégidor dressa procès-verbal de tout ce qui s'était passé devant lui, et Mutis rédigea à ce sujet un mémoire qui parut d'abord dans le journal de *Santa-Fé*, puis fut inséré par extrait dans deux recueils scientifiques publiés en Espagne, le journal hebdomadaire de Madrid et les Annales des sciences naturelles de Cavanilles.

L'usage du guaco se répandit rapidement dans la Nouvelle-Grenade, grace à l'influence des curés, que l'exemple de Mutis détermina à recommander l'inoculation, tandis qu'auparavant ils la proscrivaient comme une pratique superstitieuse, une opération de sorcellerie. La vogue du remède se soutint assez longtemps. Dix ans après, Matis écrivait à M. Zéa, que nous avons vu à Paris en 1822, chargé d'affaires de la Colombie : « Personne à présent ne meurt de la morsure des serpents. Les chevaux, les moutons guérissent comme les hommes, quand on peut leur faire boire le suc du guaco. Les essais qu'on a eu occasion de faire sont si nombreux, qu'on en remplirait des volumes.

Mutis était fort bien en cour, et en conséquence il obtint du roi d'Espagne, à diverses reprises, des ordres pour multiplier les expériences et leur donner tout le degré de certitude possible. Mutis s'adressa en conséquence à l'audience royale de Santa-Fé pour qu'on mît à sa disposition des criminels condamnés à mort, sur lesquels il voulait faire des essais. Son but était de reconnaître si l'inoculation préservait pour toujours des effets de la morsure des serpents, ou s'il fallait répéter à de certains intervalles l'opération, comme le prétendaient les *curanderos*. Il voulait voir encore si la blessure de plusieurs serpents contre lesquels on avait employé avec succès le guaco, était décidément mortelle, et enfin savoir si le préservatif réussissait également bien contre toutes les espèces de serpents venimeux. L'audience montra plus d'humanité et de sens que le vieux prêtre ; non-seulement elle refusa de soumettre des prisonniers à ces barbares essais, mais elle déclara qu'elle punirait sévèrement ceux qui, abusant de la confiance de quelque homme libre ou esclave, le détermineraient à se soumettre à de semblables expériences. D'ailleurs elle n'interdit point la pratique de l'inoculation dans les circonstances habituelles.

Des expériences analogues à celles que demandait vainement à la fin du XVIIIe siècle le chanoine Mutis ont été faites à diverses reprises dans le XVIe, et les premières l'ont été par ordre d'un pape. « Il me souvient, dit Mathiole dans ses commentaires sur Dioscoride, que l'an 1524, au mois de novembre, je vis au Capitole de Rome la vertu du poison du *napel*, car le pape Clément voulant éprouver la vertu d'une huile que Grégoire Caravita de Bologne, chirurgien fort expérimenté, et dont j'étais alors élève, avait composée pour obvier à tous poisons et aux morsures de toutes bêtes venimeuses, Sa Sainteté ordonna de donner à manger du *napel* à deux brigands qui étaient condamnés à être pendus, pour éprouver sur eux la vertu de ladite huile ; ce qui fut fait, et on leur bailla ledit poison parmi du massepin. Celui qui avait plus mangé dudit massepin, par l'ordonnance des médecins de Sa Sainteté, fut souvent engraissé de ladite huile, trois jours durant, et ne mourut point, bien qu'il endurât de grandes et horribles souffrances. Quant à l'autre, qui en avait moins pris, il ne fut engraissé de ladite huile, pour voir la vertu et véhémence du poison, ce qu'on vit aisément ; car après quelques heures ce pauvre homme mourut, ayant souffert toutes les douleurs, tourments, travaux, que conte Avicenne comme endurés par ceux qui ont bu du napel. Nous expérimentâmes le même l'an 1561 au mois de décembre à Prague, à l'endroit d'un larron qui avait été condamné à être pendu ; auquel fut baillé par le bourreau, présents les médecins de l'empereur, une dragme des racines de napel incorporée en sucre rosat pour éprouver si l'antidote fameux, par lequel avait été délivré peu auparavant un autre malfaiteur à qui on avait donné de l'arsenic, aurait même vertu contre le napel. » L'homme mourut misérablement après quelques heures de souffrances. Un autre, sur lequel semblable essai fut fait à Naples, revint après sept heures d'horribles souffrances, pendant lesquelles il fut trois fois privé de la vue et plusieurs fois de la raison. Mathiole attribue sa guérison à la poudre de bezoar qu'on lui avait administrée ; il est à croire plutôt que la dose du poison n'était pas assez forte pour produire la mort chez cet individu, qui était jeune et vigoureux.

Je ferai remarquer en passant que la racine de napel, dont les effets sur l'homme sont si terribles, est mangée impunément par le rat, pour lequel même elle paraît être un mets assez friand. On connaît encore beaucoup de substances médicamenteuses ou vénéneuses dont les effets sur l'homme sont très différents de ce qu'ils sont sur certains animaux : ainsi une dose assez faible de cantharides, prise à l'intérieur, nous causerait des accidents très graves ; un hérisson en prendra dix fois davantage sans être le moins du monde incommodé. On a même fait, dit-on, à ce sujet une observation qui, si elle se confirmait, serait fort curieuse. Dans l'île de Malte, on donna à manger à un hérisson un grand nombre de cantharides, et il ne s'en porta que mieux ; mais cet animal ayant uriné dans un baquet plein d'eau, quelques soldats, qui n'en étaient pas prévenus, burent de cette eau par hasard et éprouvèrent les mêmes accidents que s'ils avaient avalé directement les cantharides.

J'ai dit que l'on confondait sous le même nom de lianes du guaco plusieurs plantes employées de la même manière contre les serpents, mais d'ailleurs différentes par l'espèce et même par le genre. Quelques-unes ne sont pas encore suffisamment déterminées. Quant à celle qui servit aux expériences de Mutis, c'est une corymbifère appartenant au genre mikania, genre voisin des eupatoires, lequel fournit lui-même beaucoup d'espèces vantées comme antidotes.

Le *mikania guaco* est une plante grimpante, à tige herbacée, qui monte sur les arbres jusqu'à trente pieds de hauteur. Les rameaux sont opposés sur la tige, et les feuilles sur les rameaux : ces feuilles, de forme ovalaire, sont longues de quatre à six pouces, larges de trois à quatre, minces, lisses en dessous, cotonneuses en dessus, légèrement pointues à l'extrémité. Les fleurs sont en corymbe, blanches dans l'espèce commune, violettes dans une espèce voisine également employée dans la Nouvelle-Grenade.

Désiré Roulin

Dans les Antilles, la liane de guaco, qu'on commença à employer en 1800 contre la morsure de la vipère trigonocéphale, est aussi une mikania, mais différente des deux espèces dont je viens de parler.

Dans le Guatimala, une autre plante désignée par le même nom et appliquée dans les mêmes cas est encore différente de toutes les précédentes, car sa tige est ligneuse, et la liane entière, par ses racines et ses branches, ressemble à une vigne, lorsqu'elle est dégarnie de ses feuilles. Les premières notions qu'on a eues en Angleterre et en France sur les effets de cette plante viennent de l'ouvrage de M. Thompson, qui, sous le ministère Canning, avait été envoyé pour visiter les *Républiques du centre* : « Dans ce pays, dit ce voyageur, il y a des serpents dont la morsure tue en vingt minutes ; mais si, avant que les accidents soient devenus trop graves, la personne mordue peut mâcher un morceau de guaco et appliquer sur la blessure la salive imprégnée des sucs de la plante, elle n'a plus rien à craindre. Un jeune homme, ajoute-t-il, ayant dans la main une branche de *guaco*, saisit une de ces petites vipères dites *tamaulipas*, dont la morsure tue presque instantanément : l'animal resta immobile et comme engourdi... Le guaco ne sert pas seulement contre la morsure des serpents ; on l'emploie dans le traitement des dyssenteries, des fièvres d'accès et de plusieurs autres maladies. Dans les lieux dont le climat passe pour funeste aux Européens, on en prend comme préservatif. »

Le guaco du Guatimala a été employé aussi contre la fièvre jaune, et tout récemment nous l'avons vu proposer contre le choléra.

Longtemps avant la publication de l'ouvrage de M. Thompson, longtemps avant celle du Mémoire de Mutis, on avait, dans un ouvrage souvent cité et rarement lu, des détails sur des effets tout semblables à ceux du mikania produits par une plante également employée dans la Nouvelle-Grenade, ou du moins sur la frontière. Voici comment s'exprimait à ce sujet, en 1741, le père Gumilla dans son *Orinoco ilustrado* :

« Que dirai-je de la *cure* par laquelle, dans le Guayaquil, on rend impuissant le venin des serpents ?

« Ce pays, qui dépend de l'audience de Quito, est situé tout près de la ligne équinoxiale, et l'extrême chaleur, jointe à l'humidité de la terre, y favorise tellement la propagation des couleuvres venimeuses, qu'à peine on peut faire un pas sans en heurter quelqu'une du pied ; mais le sage auteur de la nature a voulu que dans les mêmes lieux naquît une liane qui fournit un remède universel contre ces venins. Aussi, est-ce un usage général parmi les cultivateurs de mâcher le matin en se levant un peu de cette plante, et de frotter avec la salive rendue ainsi médicamenteuse certaines parties de leur corps : cela fait, ils vont sans crainte à leurs occupations, car l'expérience de longues années leur a prouvé qu'aucun serpent ne viendra les assaillir, et que, si par hasard ils en foulent un du pied ou le touchent de la main, l'animal restera comme engourdi et hors d'état de leur nuire. »

« Mais, ajoute notre bon moine, le plus merveilleux de la chose est que, si un de nos campagnards veut s'exempter de cet assujettissement journalier, et n'avoir pas chaque matin à mâcher une plante dont le goût n'a rien d'agréable, c'est pour lui chose facile : pour cela, il cherche un guérisseur, *curandero* (les meilleurs sont les nègres), et, sans être malade, il se soumet, sous la direction de celui-ci, à une *cure* dont le résultat est de le préserver de la morsure de toute espèce de serpents.

« Le *curandero* lui impose une certaine diète, lui donne à boire, pendant un nombre de jours déterminé, une infusion de la susdite liane ; puis, ce terme expiré, il lui fait aux pieds, aux mains, aux bras, aux jambes, à la poitrine et au dos des scarifications légères, mais suffisantes pour faire couler le sang ; il essuie avec un linge toutes ces petites plaies, jusqu'à ce qu'elles ne saignent plus ; il les oint du suc exprimé de la plante, et la cérémonie est finie. Celui qui s'est soumis à cette épreuve, non-seulement n'a plus rien à craindre des serpents, mais il peut en faire un jouet : il voit s'humilier devant lui cette vilaine race, qui ne s'est montrée flatteuse pour l'homme qu'une seule fois, et encore cette fois était-ce pour mieux répandre parmi les fils d'Ève son infernal poison. »

L'inoculation du nègre Pio différait peu de celle-là ; mais elle était plus tôt faite et n'exigeait ni régime préalable, ni usage de la plante en infusion ; seulement, après les scarifications, il faisait avaler deux cuillerées du suc exprimé de la plante, et avertissait d'en prendre une semblable dose chaque fois que la lune entrait en décours, car, dans l'Amérique espagnole, les phases de la lune marquent le temps d'une foule d'opérations, et pour presque toutes le décours est indiqué comme l'époque de rigueur.

Le père Gumilla, dans le chapitre où il traite de l'inoculation du guaco, parle aussi d'une autre opération à l'aide de laquelle les Indiens cherchent à se prémunir contre l'action des poisons, ce genre d'assassinat étant très commun parmi les diverses tribus qui habitent les bords de l'Orénoque. Comme l'opération a toujours été pratiquée par les pioches (magiciens), et qu'elle s'accompagne de certaines paroles mystérieuses, les missionnaires n'ont pas manqué de la proscrire ; mais, en dépit de leurs efforts, elle s'est perpétuée en secret depuis la conquête jusqu'à nos jours. Il en coûte cependant cher pour être initié. D'abord le sorcier exige pour sa peine une forte somme, puis il soumet le récipiendaire à un jeûne très long, très rigoureux, et tel que de cent qui se présentent, soixante-dix ne peuvent atteindre le terme de rigueur. Ceux qui peuvent aller jusque-là reçoivent du sorcier trois pilules qu'ils doivent avaler sans les mâcher. Après cela, ils se croient en sûreté contre les poisons dont on fait usage parmi eux. Voici, dit le père Gumilla, comme j'ai d'abord été instruit de cette coutume : « Je demandais un jour à un Indien, homme sage, et qui jouissait de toute ma confiance, pourquoi un des jeunes gens du village était si pâle et si affaibli. — C'est, me répondit-il, parce qu'il jeune maintenant pour se préparer à prendre les pilules, comme tels et tels les ont déjà prises. Parmi ceux qu'il me désignait était un Indien que je regardais comme le meilleur chrétien, comme l'exemple de toute la mission. Sur-le-champ j'allai trouver cet homme, et l'abordant brusquement : — Comment, lui dis-je, étant chrétien, racheté de Dieu, sers-tu encore le diable ? et portes-tu dans ton estomac les pilules du *piache* ? — Et comment, reprit l'Indien sans s'émouvoir, les Espagnols, qui sont aussi chrétiens, portent-ils à leur ceinture des pistolets et une épée ? — Ils ne les prennent pas, répliquai-je, dans un mauvais dessein, mais seulement pour leur défense. — Et moi, dit l'Indien du même ton, je n'ai pas pris les pilules pour nuire à qui que ce soit, mais pour que, me sachant armé, mes ennemis ne songent pas à m'attaquer. »

Nous avons vu que Gumilla regarde les nègres comme les hommes habiles par excellence en tout ce qui concerne les serpents, et c'est en effet dans les parties du continent américain où les nègres sont le plus nombreux, qu'on a le plus d'antidotes et de préservatifs contre les morsures de ces reptiles. Il y a quelque raison de croire que plusieurs des pratiques employées dans ce cas ont été dans l'origine introduites par eux et importées de leur première patrie ; ce qui est certain, c'est qu'à l'époque du voyage de Cadamosto, près d'un demi-siècle avant la découverte de l'Amérique, les habitants de la Sénégambie usaient de procédés mystérieux pour écarter de leurs demeures les serpents, et que leurs sorciers passaient même pour doués du pouvoir d'attirer à volonté ces animaux, Peut-être toute la sorcellerie consistait-elle dans la connaissance d'un fait déjà indiqué par les naturalistes anciens, et que les observations des modernes ont mis hors de doute : c'est qu'on peut attirer aisément certains serpents et particulièrement *l'haje* (aspic de Cléopâtre) en imitant la voix de leur femelle. C'est en usant de cet artifice que les gens qui font en Égypte métier de prendre les serpents cachés dans les maisons parviennent à les faire sortir de leurs trous. Il est vrai que comme ces hommes ne sont payés qu'après avoir réussi, et qu'ils sont appelés quelquefois dans des maisons où il n'y a réellement pas de serpents, ils ont soin d'en apporter toujours quelques-uns cachés dans leurs vêtements pour les faire paraître lorsqu'ils n'attendent plus rien de leurs recherches.

Les *curanderos* d'Amérique connaissent aussi ce secret et l'emploient au besoin, comme le prouve le fait suivant que je tiens d'un témoin oculaire, M. Castillo, ancien ministre des finances de la république de Colombie.

Se trouvant un jour dans une ville de la côte, M. Castillo parlait en présence de plusieurs habitants des expériences de Mutis et de la reconnaissance qu'on devait à ce savant pour avoir répandu une découverte si importante. — La chose, dit son hôte, ne valait pas la peine qu'on en fît tant de bruit. Longtemps avant qu'on ne la vantât dans les gazettes, cette inoculation se pratiquait ici, mais seulement parmi les hommes qui en ont véritablement besoin, parmi ceux qui travaillent aux champs. Ce vieux nègre qui va chaque jour chercher l'herbe pour les chevaux est un grand *curandero*, et il y a plus de trente ans que je l'ai vu pour la première fois jouer avec des serpents à sonnette et même avec des tayas, qui ne lui faisaient aucun mal. Si vous voulez, il vous donnera un échantillon de son savoir-faire. — Mais, reprit M. Castillo, nous n'avons point de serpents. -Ne vous en mettez pas en peine, reprit le premier interlocuteur, il en trouvera, car il n'en manque pas dans le voisinage.

Le nègre, ayant été appelé, se mit en devoir d'aller chercher un serpent, et sur la demande de M. Castillo, qui craignait quelque supercherie, il fut suivi de toutes les personnes présentes. Arrivé dans un lieu humide rempli d'herbes et de buissons, le nègre, qui précédait de quelques pas les curieux, s'approcha avec précaution de différentes touffes, faisant entendre par intervalle un petit bruit flûté, et enfin, après quelque temps, il annonça par un geste qu'il avait trouvé ce qu'il cherchait. Tout le monde resta immobile pendant que le nègre continuait son appel. Bientôt on le vit se baisser précipitamment et se relever tenant un serpent par le cou ; il apporta ainsi l'animal à M. Castillo, qui le reconnut comme appartenant à une espèce très venimeuse, mais qui remarqua que, saisi ainsi près de la tête, il ne pouvait pas mordre. Le nègre alors, ayant passé deux ou trois fois la main sur le corps du serpent, le mit à terre, et le serpent ne chercha ni à fuir ni à offenser ; il le reprit, joua avec lui comme font sur nos places avec des couleuvres communes les marchands de savon à détacher, puis le posa de nouveau au milieu du chemin. Au bout de quelques instants, le serpent commençant à s'agiter, le nègre le fustigea de la main et l'obligea à se tenir tranquille ; enfin, quand la curiosité des assistants eut été pleinement satisfaite, il reprit la bête par la queue et la lança au loin dans les buissons.

Je n'ai pu savoir de M. Castillo si la plante dont cet homme avouait faire usage était la même que Mutis a fait connaître. Les efforts du savant botaniste pour répandre la pratique de l'inoculation par le mikania n'ont eu qu'un succès passager. L'opération est pratiquée encore aujourd'hui comme elle l'était avant lui dans certaines provinces, telles que celle du Choco où les serpents venimeux sont très abondants ; elle est au contraire tombée en desuétude dans les lieux où les accidents sont rares, car on a reconnu que, pour être efficace, cette opération devait être fréquemment répétée, et il est bien difficile qu'on soit ponctuel dans l'exécution de mesures préservatives, quand les chances de danger sont très éloignées.

Lorsque j'habitais Mariquita, plusieurs des individus qui avaient été inoculés du temps de Mutis vivaient encore, mais personne depuis longtemps ne s'était soumis à l'opération, et je ne trouvai ni jeune ni vieux qui voulût la répéter pour moi. Cependant plusieurs années après que Mutis avait quitté la ville, l'inoculation y était encore fort en vogue. Les jeunes gens se faisaient un jeu d'aller à la chasse des serpents ; le jeu finit tout à coup par la mort de l'un d'eux. Ce jeune homme avait été mordu le matin par un serpent *coral*, et n'avait éprouvé aucun accident. A la vérité, le serpent n'était peut-être pas venimeux, car sous le nom de *coral* (corail) on confond, ainsi que l'a montré l'auteur de la *Faune Grenadine*, don Jorge Tadeo Lozano, quatre espèces toutes également marquées d'anneaux d'un rouge brillant, mais dont une seule espèce est pourvue de crochets mobiles. Quoi qu'il en soit, notre jeune homme, à qui la première morsure avait attiré de vives représentations, se fit un point d'honneur de n'y pas céder, et dès le soir même il se remit en chasse. Il fut mordu cette fois par un taya equis (taya à l'x), vipère ainsi nommée à cause d'espèces de croix de Saint-André dont tout son dos est marqué. Cette fois la chose fut sérieuse, et malgré les remèdes qu'on appliqua, le blessé mourut dans la nuit.

Je n'ai pu qu'une seule fois essayer l'action de la liane de guaco sur les serpents, et dans des circonstances trop peu favorables pour arriver à un résultat satisfaisant. L'animal avait reçu de l'homme qui s'était chargé de le prendre un coup violent, et il avait la colonne vertébrale rompue ; cependant il se mouvait encore, mais il ne cherchait point à mordre : quand nous lui présentâmes la plante, il ne détourna point la tête, et ne parut pas plus endormi qu'auparavant.

En parlant des eupatoires, j'ai dit que plusieurs plantes de cette famille sont employées contre la morsure des serpents, quelques-unes l'ont été dès les temps les plus anciens, comme on peut le voir par divers passages de Dioscorides. C'est une chose remarquable sans doute que l'on attribuât ainsi des propriétés analogues à des plantes dont on ne pouvait alors connaître l'étroite parenté ; et cela seul serait un motif de penser que ces propriétés ne sont pas aussi chimériques qu'on la bien voulu dire depuis quelques années. La même analogie d'action, chez des plantes dont l'affinité botanique est encore moins frappante, a été signalée par un naturaliste colombien, le savant Caldas. Voici ce qu'il en dit dans le *Semenario del nuevo regno de Granada*, tom. 1, p. 234.

Désiré Roulin

En 1803, je fis une excursion botanique dans les vastes forêts de Mira, Santiago, Carapas, etc., lieux brûlants où abondent les serpents venimeux. J'étais accompagné par un Indien noanama, *curandero* renommé. Lorsque l'Indien me voyait tressaillir à l'approche de ces animaux : — *Ne crains rien*, me disait-il, *ne crains rien, blanc ; s'ils te piquent, je te guérirai.* — Je cherchai par toutes sortes de moyens à gagner son amitié ; je flattais son goût pour les liqueurs fortes, je lui faisais divers petits présents ; enfin, quand je crus posséder sa confiance, je le priai de me faire connaître ses *secrets* et ses *herbes*. Il y consentit, mais en me faisant promettre le secret, et se cachant toujours très soigneusement des autres personnes de l'expédition botanique. Quelquefois, quand nous étions hors de vue, il s'écartait tout à coup du chemin, cueillait un rameau, et me le donnant furtivement : Tiens, disait-il, voilà une bonne *contra*. J'observais, je déterminais le genre, je décrivais l'espèce, et je la dessinais. De cette manière j'en vins à connaître bientôt un assez grand nombre de *contras*, pour me servir du langage de mon compagnon. Mais ce qui me surprit et appela toute mon attention, ce fut que toutes les plantes qu'il me présenta comme efficaces contre la morsure des serpents appartenaient à un seul genre. Toutes étaient des *Beslerias*. Qui pouvait, je le demande, avoir appris à ce rustre à reconnaître sans jamais s'y tromper, les plantes de ce genre, d'un genre aussi varié et aussi capricieux (*caprichoso*) ? La vérité est que ces pauvres ignorants avaient été conduits par l'étude des propriétés médicales à réunir dans un groupe unique sous le nom de *contra* les mêmes espèces dont les botanistes, d'après l'étude des organes, ont formé leur *genre*. »

LES JACHÈRES DE FRANCE ET LES CAPOEIRAS DU BRÉSIL

On a remarqué de temps immémorial que, lorsque la même terre a été ensemencée plusieurs années de suite avec la même espèce de grains, la récolte diminue et peut même devenir assez pauvre pour ne plus couvrir les frais de culture. Ce fait, les agriculteurs l'expliquaient à leur manière en disant que la terre était fatiguée, et en conséquence ils la laissaient reposer ; c'est-à-dire qu'après un terme qui variait selon la nature du sol et le système suivi pour les engrais, chacun de leurs champs restait à son tour une année sans être ensemencé.

Ce n'était pas sans regret que le laboureur laissait ainsi chômer tous les ans quelque portion de la terre ; la perte qui en résultait était surtout sensible dans le pays où les produits de l'agriculture ont une grande valeur ; et ce fut aussi là qu'on songea d'abord aux moyens de l'éviter.

On voyait les champs laissés en jachères se couvrir de plantes abondantes et souvent en apparence très vigoureuses ; on en conclut à la fin que l'épuisement n'était que relatif, et on pensa que la terre, qui n'était pas fatiguée pour produire des herbes inutiles, ne le serait peut-être pas davantage si on lui demandait en place une moisson différente de celle qu'elle refusait de porter. L'essai eut du succès ; l'expérience finit par enseigner l'ordre suivant lequel on devait faire se succéder les différentes récoltes ; et enfin on en est venu au point que non-seulement chaque année donne la sienne, mais même que dans quatre ans, par exemple, on obtient cinq moissons.

Ce n'est pas pour les plantes annuelles seulement qu'a lieu cet épuisement relatif du sol ; le même phénomène s'observe pour les plantes vivaces, les arbustes et les arbres ; mais ici c'est la nature qui, d'ordinaire, se charge de substituer aux espèces, ou, comme diraient les gens du métier, aux essences pour lesquelles le terrain a cessé d'être favorable, les espèces qui y peuvent le mieux prospérer. Le renouvellement spontané s'opère probablement dans le plus grand nombre des cas où l'homme ne le contrarie pas trop fort ; mais c'est surtout relativement aux forêts qu'on a eu occasion de le bien constater. En effet, les contrats de vente fournissent le moyen de savoir, pour chaque forêt, quelle espèce d'arbres y dominait aux époques des diverses transactions dont elle a été l'objet, tandis que lorsqu'il s'est agi, par exemple, de la vente d'un enclos, on n'a jamais songé à indiquer si, au moment où le marché a été passé, le terrain était garni d'orties, de mercuriale ou de valériane. On trouvera à ce sujet des renseignements curieux dans un Mémoire de M. Dureau de Lamalle sur le renouvellement périodique des forêts. L'auteur y a indiqué, en se fondant sur des documents authentiques, l'ordre suivant lequel les espèces forestières se succèdent jusqu'à ce que, la rotation accomplie, la forêt se retrouve composée comme elle l'avait été à une époque précédente. Ces changements ont lieu surtout après les coupes, qui, faisant, pour ainsi dire, table rase, permettent aux espèces pour lesquelles le sol est devenu plus convenable d'y prendre à leur tour la prédominance.

Dans les parties chaudes du Nouveau-Monde, la coupe des forêts est également suivie d'un changement spontané dans la végétation, mais avec cette grande différence, que tandis que chez nous les choses tendent, après un certain nombre de mutations et dans un espace de temps dont on peut, à quelque cinquante ans près, fixer la durée, à revenir à l'état primitif, dans l'Amérique tropicale il n'y a rien de semblable à ce retour ; du moins si la périodicité existe, elle est insensible pour nous, et le cercle dans lequel elle doit s'accomplir se dérobe à nos regards par son immensité. Ce qui nous apparaît, c'est le changement, à travers un petit nombre de courtes transitions, d'un état dont on n'aperçoit point le commencement, à un autre état dont rien ne fait prévoir la fin.

M. Auguste de Saint-Hilaire, dans la relation de son voyage au Brésil,[1] a appelé l'attention sur la facilité avec laquelle s'opèrent ces métamorphoses qui changent en peu d'années la face de provinces entières, et sur l'imprévoyance des colons qui, sans recueillir eux-mêmes de la destruction des forêts un bien grand avantage, ruinent les ressources du pays et condamnent ainsi leurs enfants à une misère presque certaine.

« Tout le système de l'agriculture brésilienne, dit ce savant voyageur, est fondé sur la destruction des forêts, et où il n'y a point de bois, il n'y a point de culture. L'expérience a appris aux Brésiliens quelles espèces d'arbres sont communes dans les forêts qui, mises en culture, doivent donner les meilleures récoltes. Lorsqu'on a fait choix d'un terrain, on ne le défriche point, on se contente de couper à hauteur d'appui les arbres qui le couvrent. Cette opération se fait quand la saison des pluies est passée, on donne aux branchages le temps de sécher, et l'on y met le feu avant que les pluies recommencent.

« Lorsqu'on a fait deux récoltes dans une terre qui était autrefois couverte de bois vierges, on la laisse reposer ; il y pousse des arbres beaucoup plus grêles que les premiers, et d'une nature entièrement

---

[1] La Revue des Deux Mondes a rendu compte de ce livre à l'époque de sa publication. Un nouvel ouvrage du même auteur, le *Voyage dans le district des Diamans*, sera analysé dans un de nos prochains numéros.

différente ; on laisse croître ceux-ci pendant cinq, six ou sept années, suivant les cantons ; on les coupe, ensuite on les brûle, et on plante dans leurs cendres. Après une seule récolte, on laisse la terre reposer de nouveau ; d'autres arbres y croissent encore, et l'on continue de la même manière jusqu'à ce qu'on juge le sol entièrement épuisé. Les espèces de taillis qui succèdent aux bois-vierges s'appellent *capoeiras*.

« Si l'on abandonne ces capoeiras à elles-mêmes et qu'on n'y laisse point paître de bétail, on voit naître à leur place d'autres taillis nommés *capoeirôes* où l'on ne trouve plus les arbrisseaux des capoeiras. »

Le changement ne s'arrête pas toujours là : ainsi, dans la portion de la province de Minas-Geraes, qui se trouve à l'orient de la chaîne de Mantiqueira, les plantes herbacées ont remplacé sur une foule de points les forêts dont le sol était autrefois entièrement couvert. « Dans cette partie du Brésil, lorsqu'on a fait dans un terrain un petit nombre de récoltes, on y voit naître une très grande fougère du genre *pteris*. Une graminée visqueuse, grisâtre et fétide, appelée *capim gordura*, ou herbe à la graisse, succède bientôt à cette cryptogame ou croît en même temps qu'elle. Alors toutes les autres plantes disparaissent avec rapidité. Si quelque arbrisseau s'élève au milieu des tiges du *capim gordura*, il est bientôt brouté par les bestiaux ; l'ambitieuse graminée reste maîtresse du terrain, et elle ne peut pas même être recommandée comme fourrage ; car si elle engraisse les bêtes de somme et le bétail, elle diminue sensiblement leurs forces, L'agriculteur, ne pouvant plus espérer de voir naître de nouveaux arbres sur le terrain, dit que celui-ci est perdu sans retour *(he uma terra acabada)* ; après avoir fait sept à huit récoltes dans un champ, et quelquefois moins, il l'abandonne, et brûle d'autres forêts qui bientôt ont le même sort que les premières. Où s'élevaient naguère des arbres gigantesques entrelacés de lianes élégantes, le voyageur ne découvre plus que des campagnes immenses de capim gordura, et cependant il est incontestable que cette graminée ne s'est introduite que depuis un petit nombre d'années. »

Des changements analogues à ceux que M. A. de Saint-Hilaire signale pour le Brésil ont lieu, quoiqu'en général sur une plus petite échelle, dans les autres parties de l'Amérique tropicale ; et j'ai eu moi-même souvent occasion de les observer pendant un séjour prolongé dans la république de Colombie. Dans ce pays, le système d'agriculture est à peu près semblable à celui du Brésil. Ainsi, quand on veut faire un nouvel établissement, on choisit, et avec grande raison, un lieu couvert d'arbres, et surtout de ceux qui ne croissent que dans un sol profond. On abat les troncs, qu'on laisse sur le sol jusqu'à la fin de l'été ; alors on les brûle, et après avoir égratigné un peu la terre, sans même prendre la peine, si ce n'est dans certains cas particuliers, de déraciner les souches, on sème ou on plante dans les intervalles, au milieu de la cendre et des charbons. Après quelques moissons on laisse reposer la terre, qui se couvre bientôt d'un taillis qu'on désigne sous le nom de *rastrojo*, et ce taillis lui-même est, au bout de quatre ou cinq ans, coupé et brûlé pour faire place à de nouvelles cultures. Si l'établissement est abandonné, ce ne sont point de grands arbres qui renaissent à la place qu'occupaient les premiers, mais peu à peu on y voit apparaître des arbrisseaux différents de ceux qui s'y étaient d'abord développés. La différence d'aspect, suivant que le *rastrojo* est ancien ou récent, frappe les yeux, même les moins exercés, et je crois qu'elle n'est pas moins grande que celle qui existe entre les *capoeiras* et les *capoeiröes*.

Ces goûts aventureux, cette facilité à transporter au loin son domicile, n'existent pas au même degré à beaucoup près chez l'habitant de la Colombie que chez celui du Brésil ; aussi dans le premier pays, quoique l'agriculture soit fort déchue dans certains cantons où elle était autrefois florissante, et qu'elle ait pris au contraire du développement dans d'autres parties longtemps négligées, on trouve un grand nombre de lieux qui sont depuis longtemps cultivés et où la succession des cultures aux *rastrojos*, et des *rastrojos* aux cultures constitue un système de jachères presque aussi régulier que celui d'Europe, quoique peut-être plus mal entendu encore. Cependant certaines localités ont offert un phénomène analogue à celui de l'invasion du *capim gordura*, mais cela a eu lieu plutôt pour les pâtures que pour les terres cultivées. Voici, par exemple, ce que j'ai vu à Cartago, charmante petite ville située dans la vallée du Cauca par les 4° 54, de lat. N.

Lorsqu'en 1540, le capitaine Jorge Robledo fonda cette ville, le fond de la vallée était en grande partie couvert d'arbres élevés comme ceux qui restent encore sur la rive droite de la rivière de la

Vieille *(Rio de la Vieja)* : ces arbres furent aussitôt abattus, et c'est ce qui arrivait presque toujours en pareil cas ; car les conquérants, habitués à l'aspect des campagnes nues de l'Espagne, trouvaient que la présence des bois donnait au pays quelque chose de sauvage. Il y avait ici, d'ailleurs, un assez bon prétexte, c'était la nécessité de dégager les abords de la ville, afin que les Indiens ennemis, qui étaient alors très nombreux dans les deux cordillères, ne pussent s'approcher sans être aperçus. Une grande partie des terrains ainsi dépouillés ne fut pas employée pour la culture. Ils se couvrirent d'arbustes qui, arrachés successivement et broutés par le bétail, firent place à d'excellents pâturages d'une herbe fine et succulente. Il y a cinquante ans à peu près que ces prairies jusqu'alors parfaites ont commencé à être envahies par une plante traçante, nommée en quelques endroits *correjuela*, et dans d'autres *batato*, à cause de sa ressemblance avec la patate douce, *convolvulus batata*. Cette plante, qui se multiplie avec une merveilleuse facilité, par ses racines autant que par ses graines, comme le fait notre liseron commun, étouffe le gazon sur lequel elle s'étend, de sorte qu'au bout d'un petit nombre d'années des prairies excellentes sont devenues complètement inutiles pour la nourriture du bétail : c'est un véritable fléau pour les habitants, qui n'ont pu encore, malgré diverses tentatives, trouver le moyen d'en borner les progrès.

Si la plante continue à gagner du terrain, comme cela est assez probable, il ne s'ensuit pas cependant qu'elle doive rester complètement maîtresse du sol ; et, quand elle aura fait tout périr au-dessous d'elle, il lui naîtra sans doute des ennemis. Déjà, dans les lieux où elle s'est le plus anciennement introduite, on commence à voir paraître certains arbrisseaux à feuilles coriaces, différents de ceux qui se trouvaient dans les *rastrojos* anciens ou récents, et ces arbrisseaux l'étoufferont peut-être un jour.

Une autre ville de la Nouvelle-Grenade, Tocayma, fondée six ans seulement après Cartago, eut beaucoup plus tôt à souffrir d'un semblable mal. Riche et florissante d'abord, elle n'est plus aujourd'hui qu'une misérable bourgade, connue seulement parce que sa proximité de Bogota en fait un lieu de rendez-vous pour ceux des habitants du plateau qui, forcés de suivre un régime sudorifique, ont besoin d'en seconder les effets par l'influence d'un climat très chaud. Sa ruine, à la vérité, dépendit de plusieurs causes : d'une inondation qui renversa une partie des maisons ; de l'extinction des indiens, qui succombèrent aux fatigues, aux mauvais traitements dont les accablaient les conquérants ; mais principalement de la destruction de ses pâturages par l'introduction d'un misérable arbuste, *l'espino*, petit mimose épineux, qui ne commença à paraître dans la plaine où la ville avait été bâtie que quelque temps après l'établissement des Européens.

Une troisième ville, située un peu plus au nord que Tocayma, mais surtout à une beaucoup plus grande hauteur, et de manière à être, comme on le dit dans le pays, en *terre froide*, la ville de Leyva, a de même déchu graduellement, parce que son agriculture est devenue de moins en moins productive. Les campagnes, qui d'abord portaient des moissons de froment d'une abondance si extraordinaire, que je n'ose répéter ce que j'en ai entendu rapporter, donnent aujourd'hui à peine de quoi payer le laboureur. Mais ici il n'y a pas eu introduction, au moins en proportion notable, d'espèces végétales nuisibles aux blés ; il y a eu seulement épuisement du sol. Ce qui doit surprendre d'ailleurs, ce n'est pas la stérilité actuelle, mais la longue durée de la fécondité. C'est une chose remarquable qu'une terre qu'on n'engraissait jamais, et à laquelle on demandait continuellement un même produit, ait pu encore, après deux siècles, donner des moissons qui payassent la semence et le labour.

Il est probable que, par une alternance judicieuse dans les cultures, on parviendrait, non pas à rendre aux campagnes de Leyva leur première fertilité, mais à en obtenir des produits beaucoup plus avantageux que ceux qu'elles donnent aujourd'hui.

Il en est pour les végétaux comme pour les animaux, le même genre de nourriture ne convient pas à tous indistinctement : aussi, là où une plante ne trouve plus de quoi vivre, une autre rencontre des aliments abondants ; et c'est ce qui explique, jusqu'à un certain point, d'une part, la nécessité des alternances dans nos cultures, de l'autre le renouvellement spontané des forêts. Mais, si une plante nuit à celles de la même espèce qui lui succéderont en prenant une partie des *aliments* dont elles auraient besoin, rien ne nous dit que ce soit là le seul mal qu'elle leur prépare, et qu'en même temps qu'elle les *affame*, elle ne les *empoisonne* pas en déposant dans le sol ses *excréments*.

Cette idée, présentée depuis plusieurs années par M. Decandolle et appuyée de considérations qui lui donnaient beaucoup de poids, vient d'être récemment confirmée par des expériences directes.

Brugmans avait annoncé que des plantes enterrées jusqu'au collet dans du sable sec présentaient, quand on les en retirait, des gouttelettes d'eau à l'extrémité des racines. L'expérience répétée par d'autres semble avoir rarement réussi ; mais s'il est difficile d'être témoin du suintement, il est aisé au contraire de constater l'existence de matières évidemment sécrétées par les racines. C'est ce qu'on observe, dit M. Decandolle dans sa *Flore française*, sur le *carduus arvensis, l'inulia helenium, le scabiosa arvensis*, plusieurs euphorbes et plusieurs chicoracées. Il semble que ces sécrétions des racines ne sont autre chose que les parties des sucs propres qui, n'ayant pas servi à la nutrition, sont rejetées en dehors lorsqu'elles arrivent à la partie inférieure des vaisseaux ; le phénomène, quoique n'étant pas toujours facile à voir, est probablement commun à un grand nombre de plantes.

MM. Plenck et de Humboldt, ajoute le savant botaniste, ont eu l'idée ingénieuse de chercher dans ce fait la cause de certaines habitudes des plantes. Ainsi l'on sait que le chardon nuit à l'avoine, l'euphorbe et la scabieuse au lin, l'inule aulnée à la carotte, l'erigerum âcre et l'ivraie au froment, etc. On peut croire que les racines de ces plantes laissent suinter des matières nuisibles à la végétation des autres. Au contraire, si la salicaire croît volontiers près du saule, l'orobanche rameuse près du chanvre, n'est-ce pas que les sécrétions des racines de ces premières plantes sont utiles à la végétation des autres ?

M. Decandolle est revenu sur cette idée dans des ouvrages postérieurs ; il l'a développée, et en a fait des applications à l'économie rurale. Il admet que les plantes, en pompant tout ce qui se présente de soluble à leurs racines, ne peuvent manquer d'aspirer aussi des particules qui ne peuvent servir à leur nourriture. Ainsi, lorsque la sève a été entraînée par la circulation dans tout le végétal, élaborée, et privée d'une grande quantité d'eau par les feuilles ; puis, en redescendant, lorsqu'elle a fourni aux organes tout l'aliment qu'elle contenait, il doit se trouver un résidu de particules qui ne peuvent s'assimiler au végétal, étant impropres à sa nourriture Ces particules, après avoir traversé tout le système, sans altération, retournent au sol par les racines, et le rendent moins propre à nourrir une seconde récolte de la même famille de végétaux, en accumulant des substances solubles qui ne peuvent s'assimiler. On sait fort bien qu'un animal ne peut être nourri de ses propres excréments, et il est à croire que pour les végétaux il y a même impossibilité.

Des vipères peuvent être tuées avec leur propre venin ; et, comme l'a fait voir M. Macaire dans des expériences antérieures à celles dont il va être parlé, des végétaux peuvent souffrir de l'absorption des poisons qu'ils fournissent eux-mêmes. Or, il doit arriver souvent que par l'action de ses organes une plante convertisse une portion des particules qu'elle a ingérées en substances délétères, soit pour les plantes de sa propre espèce, soit pour d'autres, et qu'elle rejette ensuite par ses racines une portion de ce poison. L'allongement continuel des racines rend l'effet fâcheux à peu près nul pour la même génération de plantes, et c'est la génération suivante qui, si elle est de la même espèce, aura à en souffrir. On conçoit d'ailleurs fort bien comment ces excréments, qui sont au moins inutiles et probablement funestes à la plante d'où ils proviennent, de même qu'à ses semblables, pourront, au contraire, fournir une pâture abondante et saine à un autre ordre de végétaux. Les exemples tirés du règne animal s'offrent encore ici avec une force d'analogie remarquable.

Cette théorie, qui rend raison de la plupart des faits observés, avait encore cependant besoin d'être appuyée par des expériences directes : M. Macaire s'est chargé de ce soin, et les résultats ont pleinement prouvé la justesse des vues de M. Decandolle.

Pour obtenir les produits de l'exsudation supposée des racines, M. Macaire eut recours à différents moyens. Il essaya de faire vivre des plantes entièrement dans l'air, puis de faire germer des graines dans du sable siliceux pur, dans du verre pilé, sur des éponges lavées, sur du linge blanc. De tous ces procédés, les uns échouèrent complètement, et les autres donnèrent des résultats qui manquaient du degré de précision auquel aspirait le savant expérimentateur. Enfin, pour dernière ressource, il essaya de faire vivre dans de l'eau de pluie parfaitement pure des plantes toutes développées et pourvues de toutes leurs racines. Ces plantes étaient enlevées de terre avec précaution ; leurs racines étaient lavées avec un soin minutieux, essuyées, puis placées dans des fioles avec une certaine quantité d'eau dont la parfaite pureté avait été constatée à l'aide des réactifs ordinaires. Dans cet état, elles vivaient très bien, puisqu'elles continuaient à développer leurs feuilles, à épanouir leurs fleurs.

Si, au bout de quelques jours, on examinait l'eau dans laquelle une plante avait ainsi végété, il était aisé de reconnaître, soit au moyen de l'évaporation, soit à l'aide des réactifs, qu'il s'y trouvait des substances étrangères, fournies évidemment par les racines. Le même phénomène s'est répété sur tous les végétaux soumis à l'expérience ; de sorte que M. Macaire le considère comme général, au moins pour les plantes phanérogames.

L'eau s'altérait par l'effet du séjour de la plante ; mais il y avait deux manières d'expliquer ce changement : on pouvait l'attribuer à une sorte de macération dépendante de l'action du liquide, action qui aurait eu lieu tout aussi bien sur une racine privée de vie, ou le regarder comme le résultat d'une sécrétion active, d'une fonction propre seulement à la place vivante, et qui se continuait lorsque les racines étaient plongées dans l'eau, comme lorsqu'elles étaient encore enfouies dans la terre. Pour se décider entre ces deux suppositions, dont la dernière était déjà à beaucoup près la plus probable, M. Macaire fit des expériences très différentes, et dont les résultats cependant concordèrent parfaitement. D'une part, il voulut ne recueillir que les produits de plantes bien vivantes, afin qu'on ne pût pas supposer que ces sécrétions étaient l'effet d'une maladie produite par les circonstances insolites dans lesquelles le végétal se trouvait placé. De l'autre, il plaça des parties détachées de la même plante dans l'eau, afin de voir si cette eau s'altérait avec la même rapidité et de la même manière.

Des plantes vigoureuses de chondrille furent mises, avec leurs racines bien nettoyées, dans l'eau de pluie filtrée. On les y plaça toutes fleuries, et elles continuèrent à s'y épanouir ; au bout de quelques jours, et avant qu'elles eussent eu le temps de souffrir du changement de régime, on les enleva, et on en replaça d'autres dans la même eau. Cette eau, après quatre substitutions semblables, avait pris une teinte jaune, une odeur assez prononcée analogue à celle de l'opium, et une saveur amère un peu vireuse ; elle précipitait, en brun la dissolution d'acétate neutre de plomb, troublait une dissolution de gélatine, et enfin laissait par l'évaporation une substance d'un brun rougeâtre.

Pour s'assurer que cette substance était bien le produit de la végétation, et non d'une action indépendante de la vie, M. Macaire mit tremper pendant le même temps, d'un côté, des racines seules de chondrille, de l'autre, dans un flacon différent, les tiges seules coupées de la même plante. Les racines se conservèrent fraîches, les tiges gardèrent leurs fleurs non flétries ; mais, dans aucun des flacons, l'eau ne prit de couleur ni de saveur marquées ; elle n'avait rien de cette odeur opiacée qui était si sensible dans l'autre ; elle n'agissait point sur les réactifs, et enfin ne laissait presque aucun résidu.

Les expériences répétées sur des plantes très différentes donnèrent toujours des résultats analogues.

Une fois assuré que les végétaux rejettent par leur racine les parties impropres à leur alimentation, M. Macaire voulut savoir à quelle époque de la journée le phénomène a lieu. Pour cela il prit une plante enracinée et vigoureuse de haricot, et, après l'avoir nettoyée convenablement, il la mit tremper dans l'eau de pluie. Le soir, la plante fut lavée, essuyée, et placée dans un second flacon également plein d'eau, de pluie ; le matin, semblable opération du lavage avant de remettre le haricot dans l'eau où la veille il avait passé le jour. Pendant une semaine, la plante fut ainsi, deux fois par vingt-quatre heures, passée d'un flacon à l'autre. Au bout de ce temps, les liquides contenus dans les deux flacons furent examinés : dans l'un comme dans l'autre, on trouva les produits de la sécrétion des racines ; mais l'eau dans laquelle la plante avait végété toutes les nuits en contenait une proportion beaucoup plus considérable que l'autre. M. Macaire s'assura par la suite qu'en faisant pendant le jour une nuit artificielle pour les plantes, on augmentait sur-le-champ d'une manière très sensible l'excrétion des racines. Ce résultat curieux pouvait d'ailleurs, jusqu'à un certain point, être prévu ; on sait en effet que c'est pendant le jour et sous l'influence de l'action exercée par la lumière que les racines des plantes absorbent les liquides qui servent à leur alimentation : il était donc naturel de penser que ce serait surtout pendant la nuit, époque où cesse cette absorption, que l'excrétion aurait lieu.

Il était probable, d'après ce qui vient d'être dit, que les plantes pourraient se servir de leurs racines pour se débarrasser des substances nuisibles qu'elles auraient ingérées ; c'est ce qui fut mis hors de doute par les expériences suivantes. Des plantes de mercuriale, lavées avec précaution dans l'eau distillée, furent placées de manière à ce qu'une partie de leurs racines plongeât dans une solution légère d'acétate de plomb, et l'autre partie dans l'eau pure. Elles végétèrent assez bien pendant quelques jours, après quoi l'eau qui avait été placée pure au commencement de l'expérience contenait une certaine quantité de sel de plomb, sel qui avait été déposé évidemment par les racines qui y trempaient. Les essais variés de diverses manières tendirent tous à prouver que la sécrétion des racines est un des moyens par lesquels le végétal se débarrassé des substances qu'il a absorbées, et qu'il lui sont nuisibles ou seulement inutiles.

Les essais de M. Macaire a faits jusqu'à présent pour déterminer la composition des matières excrétées, ne sont pas très nombreux ; cependant ils ont déjà conduit à ce résultat, que la nature de ces matières varie selon les familles de végétaux qui les produisent ; que les unes, étant âcres et résineuses, peuvent nuire, et d'autres, étant douces et gommeuses, peuvent aider à l'alimentation des végétaux, ce qui tend à confirmer la théorie des assolements.

M. Macaire a eu lui-même occasion, dans le cours de ses expériences, de voir les excréments de certains végétaux servir à d'autres aliments. Pendant qu'il s'occupait de la famille des légumineuses (et les seules qu'il soumit à ses observations étaient les espèces employées communément dans l'économie domestique, les pois, les fèves, les haricots), il remarqua que lorsque l'eau dans laquelle ces plantes avaient vécu était chargée de beaucoup de matière excrémentitielle, les nouvelles plantes de même espèce qu'on y mettait n'y vivaient pas bien et se flétrissaient assez vite. Ayant remplacé au contraire les légumineuses par des plantes d'une autre famille, celles-ci y prospéraient. Le blé, par exemple, y vivait très bien, et l'on voyait, à mesure qu'il séjournait dans le liquide, celui-ci perdre graduellement sa couleur jaune. La proportion de résidu obtenu par l'évaporation devenait en même temps de moins en moins considérable, de sorte qu'il était évident que le blé absorbait une partie de la matière sécrétée par les fèves.

C'était une sorte d'assolement dans une bouteille.

Un accident survenu dans le cours des expériences que nous venons de rapporter, fournit à M. Macaire l'occasion de déterminer les circonstances dans lesquelles certains gaz exercent sur les végétaux une action délétère.

Plusieurs des plantes sur lesquelles on observait les excrétions des racines, ayant été endommagées par des exhalaisons de chlore, M. Decandolle, qui en fut informé, engagea M. Macaire à voir si l'action avait lieu de jour ou de nuit.

C'est pendant le jour, remarquait le savant botaniste, qu'ont été faites les expériences d'après lesquelles on a rejeté comme non fondées les plaintes des agriculteurs qui soutenaient que les exhalaisons de certaines manufactures nuisaient aux plantes situées dans le voisinage. Les chimistes ont presque toujours déclaré que l'action de ces gaz sur les végétaux était nulle, et ils n'ont pas soupçonné que l'heure pouvait avoir de l'influence sur le résultat. Peut-être auraient-ils été conduits à des conclusions toutes différentes, si leurs expériences, au lieu d'être faites de jour, temps pendant lequel les plantes n'absorbent point de gaz, l'avaient été durant la nuit.

Pour suivre cette induction, qui ne pouvait être suggérée que par un botaniste, M. Macaire entreprit des expériences, tant de nuit que de jour, sur des plantes enracinées d'euphorbe, de mercuriale, de senecon, de laitron et de chou. Les plantes étaient disposées de manière que leurs racines trempaient en dehors du vase. Le chlore, l'acide nitrique, le gaz nitreux et l'acide nitrochlorique n'exercèrent pendant le jour aucune action nuisible sur les plantes ; dans certains cas seulement, ils grillèrent quelques feuilles, mais ils ne produisirent point d'empoisonnement, ils ne furent pas absorbés. Pendant la nuit, l'absorption s'opérait, et même avec une proportion de gaz plus faible que dans le jour, toutes les plantes périssaient ; le chou seul résista.

L'ARBRE SAINT DE L'ILE DE FER

De tous les hommes qui, par différents moyens, concourent à l'accroissement des connaissances humaines, les voyageurs sont incontestablement ceux dont le travail est à la fois le plus pénible et le moins récompensé. C'est beaucoup si on daigne leur tenir compte des fatigues et des privations qu'il s'imposent ; on oublie les dangers de diverse nature auxquels ils sont tous plus ou moins exposés, dangers tels cependant que la durée moyenne de leur vie s'en trouve réduite au point de n'être guère que la moitié de celle des savants sédentaires.

A la vérité, depuis un siècle environ, la condition des voyageurs s'est améliorée en ce sens que du moins on ne conteste pas sans de graves motifs la fidélité de leurs récits. Mais tous ceux qui les ont précédés étaient-ils donc indignes de confiance et méritaient-ils qu'on fît du mot voyageur un synonyme de celui de menteur ? Non sans doute. J'ai lu beaucoup d'anciennes relations de voyages, et je puis assurer que dans toutes celles qui sont écrites par l'observateur lui-même on trouvera, sinon autant de précision, du moins autant de sincérité que dans les relations modernes.

D'où vient donc cette accusation d'imposture qu'on a fait peser si longtemps sur les voyageurs ? est-ce pour ce qu'ils comptaient d'étrange ? Mais s'ils n'avaient dû trouver dans leurs courses lointaines que ce qui se voyait dans leur propre pays, ce n'eût pas été la peine d'en sortir.

Leurs récits contenaient-ils des choses évidemment impossibles, c'est-à-dire qui impliquaient contradiction avec des faits connus ? Non ; mais ils parlaient, soit de magnificences auxquelles nos contrées occidentales n'avaient rien à comparer, soit des productions gigantesques d'une nature plus puissante que la nôtre, et cela était humiliant pour leurs auditeurs.

Une autre cause encore qu'il est nécessaire de signaler, contribua à mettre les voyageurs en mauvais renom, ce fut l'avidité et le peu de conscience des libraires-éditeurs.

Le goût des expéditions lointaines qui s'était réveillé en Europe vers la fin du XIVe siècle, amena dans le suivant une série non interrompue de découvertes importantes. Dès le commencement de ce siècle, quelques aventuriers normands étaient partis pour la conquête des Canaries, et en 1403, Bontier ajoutait les premiers renseignements exacts à ceux que Pline nous avait laissés sur ces îles.

Désiré Roulin

Bientôt, sous les auspices du prince Henri, des navigateurs portugais explorèrent les côtes de l'Afrique et les îles voisines, retrouvèrent plusieurs pays dont l'existence ne nous était depuis longtemps connue que par les écrits des anciens, et en découvrirent d'autres sur lesquels les Grecs et les Romains n'avaient jamais eu que de très confuses notions. Or, pendant que les Portugais s'établissaient ainsi dans l'Orient, les Espagnols, libres enfin de leur guerre contre les Maures, venaient de se lancer également dans la carrière des découvertes, et en avaient fait du côté de l'Occident de plus importantes encore, de sorte que, dès l'an 1493, le pape avait été appelé à partager entre les deux monarques les *mondes nouveaux, ou nouvellement retrouvés.*

Il n'y avait pas trente ans que la ligne de démarcation était tracée lorsque les Espagnols, poursuivant toujours leur route vers le couchant, rencontrèrent, aux îles des Épiceries, les Portugais, qui y étaient venus par le Levant.

Il arriva, par une singulière coïncidence, que justement à l'époque où la curiosité était le plus vivement excitée par les brillants résultats de ces premières expéditions, on avait, pour la satisfaire, un moyen merveilleux et complètement inconnu aux âges précédents.

L'imprimerie venait d'être inventée, et l'on ne tarda pas à en faire usage pour donner aux relations des navigateurs portugais et espagnols une publicité qu'eût entravée un siècle plus tôt la lenteur des copistes. Traduites en latin ou en langues vulgaires, ces relations circulèrent rapidement dans tous les pays de l'Europe ; mais elles étaient, d'une part, trop concises, de l'autre, trop peu nombreuses pour assouvir la soif d'informations qui venait de se manifester, et ne faisaient que l'irriter encore. En effet, les chefs des expéditions qui ne visaient guère à la gloire littéraire, se contentaient le plus souvent de communiquer à leur gouvernement les principaux résultats du voyage, et ces documents allaient aussitôt s'ensevelir dans des archives dont ils ne ressortaient plus. Il fallait se contenter de ce qu'on pouvait apprendre dans les lettres qu'ils écrivaient à leurs amis, ou dans les récits informes de quelques matelots employés dans l'expédition.

Heureux encore si ces renseignements imparfaits eussent été publiés tels qu'on les avait obtenus ; mais alors le public voulait des relations de voyages, et on lui en faisait avec ce qu'on avait de matière. Pendant quarante ans au moins, deux ou trois libraires-éditeurs ne cessèrent d'en fabriquer. Et qu'on n'aille pas se figurer que ces publications se réduisaient à de mesquines brochures usées en passant de main en main, et bientôt oubliées ; non, la plupart étaient de solides in-folio souvent écrits en latin, de ces gros livres sur bon papier qui durent pour perpétuer les mensonges.

Quand enfin les gouvernements cessèrent de faire un mystère de leurs découvertes, les documents authentiques se multipliant, il n'y eut plus de profit à forger des relations apocryphes ; mais, si dès lors il ne s'en publia guère de nouvelles, les anciennes restèrent pour l'usage des compilateurs du XVIe et du XVIIe siècle, qui ne manquèrent pas d'en user largement. Ces malheureux compilateurs, par tout ce qu'ils entassèrent d'absurdités sur les pays étrangers, dans de prétendus traités d'histoire universelle et de cosmographie, contribuèrent encore, pour leur bonne part, à discréditer les voyageurs. C'était merveille de voir comme tout allait se défigurant successivement entre leurs mains ; car, si d'abord ils s'étaient montrés peu difficiles sur le choix des sources, où ils pouvaient puiser, bientôt ils trouvèrent trop pénible de remonter jusque-là, et les dernières compilations ne se composèrent plus que de lambeaux des premières, cousus et brodés de manière à déguiser un peu le vol.

Ce n'était pas en parlant des grands évènements de la découverte ou de la conquête des nouveaux pays qu'ils pouvaient donner carrière à leur imagination ; mais ils trouvaient d'ailleurs amplement à se dédommager de cette sorte de contrainte lorsqu'il était question d'histoire naturelle. Non-seulement ils mirent en circulation une foule de fausses notions dont quelques-unes ont encore cours aujourd'hui ; mais, ce qui est plus grave peut-être, ils eurent le talent de rendre complètement *incroyables* certains faits qui, d'abord, n'étaient *qu'étranges*, et ils empêchèrent ainsi les gens sensés de s'en occuper jusqu'à ce qu'il n'existât plus, pour ainsi- dire, de moyens de vérification. C'est ce qui est arrivé pour le fameux *arbre saint* des Canaries, dont il était devenu ridicule de parler depuis qu'un philosophe, à qui on doit d'ailleurs d'admirables préceptes pour l'étude des sciences naturelles, eut déclaré, avec une précipitation peu conforme à ses principes, que l'histoire tout entière n'était qu'un ramas de mensonges indignes de fixer l'attention.

Avant que de dire en quoi consistait cette merveilleuse histoire, il est nécessaire de reparler un peu du pays qui en fut le théâtre.

Les Canaries, comme je l'ai dit, avaient été connues des anciens, et elles furent, même dans les premières années de l'ère chrétienne, le but d'une expédition toute scientifique, ordonnée par un roi de Mauritanie, le second des Juba, prince zélé pour les progrès de l'histoire naturelle, dont il s'occupait lui-même avec succès. La relation de ce voyage est perdue, mais les renseignements qu'elle procura ont été en partie conservés. On les trouve dans les écrits de Pline l'Ancien, qui, né l'année même de la mort de Juba, semble avoir eu communication des écrits que ce prince avait laissés. Pour Solin, dans ce qu'il nous dit des Canaries, il ne fait, comme à son ordinaire, que copier Pline en le défigurant.

Les émissaires du roi Juba trouvèrent aux Canaries des chèvres et des chiens ; de là le nom de *Canaria*, qu'ils donnèrent à la plus grande des îles, et celui de *Capraria*,.par lequel ils désignèrent, à ce que l'on croit, l'île de Fer. Ces animaux, comme ceux qu'Anson trouva aux îles de Juan Fernandez, indiquaient suffisamment une ancienne tentative de colonisation ; quelques restes de constructions prouvaient d'ailleurs que deux de ces îles au moins avaient été habitées ; toutes alors étaient désertes, et l'on ne sait pas combien de siècles s'écoulèrent avant qu'elles fussent peuplées une seconde fois. Les hommes que les Européens y trouvèrent à l'époque de la conquête n'avaient conservé aucun souvenir de l'arrivée de leurs ancêtres dans ce pays, et se regardaient comme autochthones.

Vers la fin du XIIIe siècle, les îles Canaries, dont l'Europe avait pendant longtemps oublié l'existence, recommencèrent à être visitées. Dans le XIVe, elles devinrent le but de fréquentes expéditions dela part des navigateurs mayorquains, andaloux et biscayens, qui venaient pour y voler du bétail et faire des esclaves. La première tentative de la part des Européens pour y former un établissement permanent eut lieu dans les dernières années de ce siècle ; elle fut malheureuse. Quelque temps après, un gentilhomme normand, le sieur de Bethancourt, soumit Lancerote, Gomère,

Forteventura et notre île de Fer. La Palme subit bientôt le même sort. Quant aux deux îles principales, Canarie et Ténériffe, elles opposèrent une longue et vigoureuse résistance. Enfin, les rois *catholiques* (Ferdinand d'Aragon et Isabelle de Castille) en ayant entrepris la conquête, elles furent soumises, la première en 1483, l'autre seulement en 1495, c'est-à-dire trois ans après la découverte de l'Amérique.

Les îles Canaries devinrent, à partir de cette époque, un point habituel de relâche pour les vaisseaux qui se rendaient d'Espagne en Amérique, et c'est à ce titre qu'il en est parlé dans les premières relations de la conquête du Nouveau-Monde.

L'histoire de l'expédition de Bethancourt avait été écrite, dès l'an 1403, par deux hommes qui en faisaient partie ; mais cet ouvrage, où se trouvent des détails très curieux, resta inédit jusqu'en 1630, de sorte que les premiers renseignements donnés sur les Canaries dans les temps modernes, paraissent être ceux qu'on trouve dans la relation du voyage de Cadamosto. Le voyage est de 1 454. La relation est de 1519.

Cadamosto parle de l'île de Fer, où il avait relâché en se rendant de Madère au cap Blanc, mais il ne dit rien de *l'arbre saint*, ce qui indique seulement que l'histoire vraie ou fausse de cet arbre extraordinaire n'était pas encore très répandue : elle était au contraire fort célèbre du temps d'Oviedo, et si cet auteur n'en fait pas mention dans sa première publication, qui est de 1525, quoiqu'il y ait consacré tout un chapitre aux Canaries, il ne faudrait pas en conclure qu'il regardât le fait comme douteux. Il répare, en effet, amplement cette omission dans un second ouvrage, imprimé seulement en 1547, mais écrit avant le premier, et dont celui-ci n'est qu'une sorte d'abrégé, fait de mémoire en Espagne, pour être présenté à l'empereur Charles V.

Gomara, dans son histoire générale des Indes, publiée en 1554 ; Sparke, dans sa relation du voyage de sir John Hawkins en 1565, et plusieurs autres écrivains estimables du XVIe siècle vinrent joindre leur témoignage à celui d'Oviedo ; mais il courut aussi quelques versions ridicules, et ce fut à celles-là qu'on s'attacha pour déclarer le fait mensonger.

Certes, quand Purchas racontait, sur la foi d'un certain Jackson, que *l'arbre saint*, sec et flétri durant le jour, verse chaque nuit une quantité d'eau suffisante pour désaltérer huit mille personnes et cent mille pièces de bétail, on n'était pas tenu de croire à une pareille merveille ; mais, avant de déclarer l'histoire controuvée de tout point, il eût été convenable de rechercher si elle ne se trouvait pas ailleurs avec des circonstances moins invraisemblables. Or, c'est ce que, pendant longtemps, personne ne prit la peine de faire.

Voyons cependant comment le fait est rapporté pour la première fois.

« L'île de Fer, dit Oviedo, n'a point d'eau douce de rivière, de fontaine, de lac ni de puits ; et cependant elle est habitée. Mais tous les jours Dieu la pourvoit d'eau du ciel, sans qu'il pleuve, et cette eau, voici de quelle manière il la lui donne.

« Chaque matin, depuis une heure on deux avant l'aube jusqu'après le lever du soleil, un arbre qui est dans cette île sue, et il tombe beaucoup d'eau de son tronc, de ses branches et de ses feuilles. Pendant tout ce temps, il y a au-dessus de lui un petit nuage ou brouillard, jusqu'à ce que, deux heures après l'aube, le soleil étant déjà haut, le nuage se dissipe, et l'eau cesse de tomber ; et dans cet intervalle de temps qui peut être de quatre heures, un peu plus ou un peu moins, il s'amasse au pied de l'arbre, dans un bassin on réservoir creusé de main d'homme toute l'eau nécessaire à la consommation des habitants, de leurs troupeaux et de leurs bêtes de somme. L'eau qui tombe ainsi est excellente au goût et très saine. »

Gomara est beaucoup plus bref, mais ce qu'il dit s'accorde au fond avec le récit d'Oviedo. Voici comment il s'exprime sur ce sujet dans l'avant-dernier chapitre de son *Histoire générale*.

« En cette île (l'île de Fer), on n'a d'autre eau que celle qui dégoutte d'un arbre lorsqu'il est couvert de brouillard, et il est ainsi couvert tous les matins ; étrange merveille de nature ! »

Ce que Sparke apprit à Ténériffe revient encore au même. « Il y a, dit-il, dans une de ces îles, nommée l'île de Fer, un arbre qui, d'après ce que j'entendis alors conter, pleut continuellement ; et l'eau qui en dégoutte doit suffire aux besoins des habitants et de leurs animaux, puisque dans toute l'île il n'y pas d'autre eau que celle-là. » Ce fait est, pour l'honnête marin, une occasion d'admirer les voies merveilleuses de la Providence, mais non un sujet de douter, « car, ajoute-t-il, nous retrouvâmes en Guinée de ces grands arbres dont l'eau tombe incessamment, quoiqu'en moins grande abondance, mais cela tient sans doute à ce que leurs feuilles sont moins larges, étant semblables aux feuilles du poirier. »

A la manière dont s'exprime Gomara, on doit croire qu'il n'avait pas observé directement le phénomène et cela est certain pour Sparke et Oviedo. Le dernier n'avait jamais vu que de loin l'île de Fer. « Cependant, dit-il, comme Pline n'a pas parlé en termes assez clairs de la merveille qu'offre cette île, et que le fait, aujourd'hui très célèbre, mérite d'être bien connu, je rapporterai ce que j'en ai appris de personnes respectables. »

Accoutumé à décrire les objets qu'il a eus sous les yeux, ou les évènements auxquels il a pris part le vieux soldat, lorsqu'il lui arrive, comme dans ce cas, de parler sur la foi d'autrui, perd sa naïveté habituelle. Il est incapable de mentir, de rien ajouter à ce qui lui a été conté, mais il ne veut pas que le récit perde en passant par sa bouche ; il se rappelle qu'il est né à Madrid, qu'il a été élevé à la cour, et oubliant trente années passées depuis au milieu des barbares, il vise au beau langage, cherche des oppositions, prépare des effets et fait du galimatias.

Pour Gomara, c'est tout autre chose ; historien de profession, et embrassant dans son récit les évènements d'un demi-siècle dans toute une moitié du monde, ce n'est que très rarement qu'il peut parler d'après ce qu'il a vu. Obligé de puiser à toutes les sources d'informations, même aux plus suspectes, il a eu sans cesse à comparer des témoignages discordants, à les contrôler l'un par l'autre, et il a acquis dans cet exercice un tact assez délicat pour que la critique malveillante des contemporains n'ait pu découvrir dans son livre que de très légères erreurs. Ne prenant dans les différentes versions relatives à un même fait que ce qui s'y trouve de commun, il est en général fort sobre de détails. Les trois lignes que nous avons citées expriment donc, non pas tout ce qu'il a appris, mais tout ce qu'il croit de la merveille naturelle de l'île de Fer, et l'opinion d'un pareil homme n'est certainement pas sans quelque poids.

Nous avons au reste sur ce sujet ce qui vaut mieux encore que des opinions, nous avons des observations directes, et dont l'authenticité n'est pas douteuse. La plus complète n'est connue que depuis un demi-siècle environ ; elle fut trouvée par don Jose de Viera y Clavijo dans un traité sur les Canaries, écrit deux cents ans auparavant, et conservé jusque-là dans les archives du pays. M. Bory de Saint-Vincent ; dans son *Essai sur les îles Fortunées*, a cité ce passage en l'abrégeant. Je crois devoir le donner en entier.

« Le lieu où se trouve cet arbre, dit Galindo, porte le nom de *Tigulahe*, qui est aussi celui de tout le canton ; c'est un enfoncement étendu en forme de vallée depuis la mer jusqu'à un grand mur de rochers qui en forme le fond. Non loin de ce rocher est né l'arbre saint ou *Garoé*, comme l'appellent dans leur langue les gens du pays. Quoique fort vieux, il est encore entier, sain et frais, et ses feuilles continuent toujours à distiller une assez grande abondance d'eau pour donner à boire à toute l'île ; merveilleuse fontaine par laquelle la nature remédie à la sécheresse du sol, et pourvoit aux besoins des habitants.

« L'arbre est à une lieue et demie environ du bord de la mer. On ne sait pas à quelle espèce il appartient (quoique certaines gens veulent que ce soit un *tilo*), et il n'y a dans le voisinage aucun autre arbre pareil. Son tronc a douze empans de circonférence et quatre de diamètre ; sa hauteur totale, depuis les racines jusqu'au sommet, est de quarante pieds ; sa tête n'a pas moins de cent vingt pieds de pourtour ; ses branches sont étendues, touffues, très élevées au-dessus du sol. Le fruit ressemble à un gland avec son capuchon ; la graine est, comme le pignon de la pomme de pin, aromatique et agréable au goût, mais plus tendre ; l'arbre ne perd jamais sa feuille, qui est comme celle du laurier, quoique plus grande, large, courbée et toujours verte, parce que celle qui se sèche tombe aussitôt, et la fraîche seule reste.

« L'arbre est embrassé par une ronce qui atteint et entoure également plusieurs des branches. Dans les environs sont quelques hêtres, des ajoncs et des ronces ; tout près du pied du côté du nord sont deux grands bassins ou réservoirs carrés de vingt pieds de long et de seize empans de profondeur, revêtus intérieurement d'une maçonnerie en pierre brute, et séparés par un mur de même, de sorte que quand l'eau de l'un est épuisée, on peut le nettoyer sans en être empêché par l'eau qui reste dans l'autre.

« Voici maintenant comment cette eau distille du garoé. Tous les matins il s'élève de la mer un brouillard qui, poussé par les vents d'est ou de sud, remonte la vallée jusqu'au point où il est arrêté par le mur de rochers dont nous avons parlé. Là justement il trouve l'arbre saint sur lequel il se pose, et qu'il enveloppe entièrement. Au bout d'un certain temps, il commence à se dissiper, abandonnant l'eau dont il était chargé, et cette eau recueillie par les feuilles nombreuses du garoé en dégoutte à mesure. Les ajoncs qui sont à l'entour font tout de même ; seulement leurs feuilles, étant beaucoup plus étroites que celles du *tilo*, ne recueillent que très peu d'eau ; ce peu d'ailleurs n'est pas perdu. Cependant on ne conserve que celle qui provient du garoé, et elle suffit, avec l'eau qui reste après l'hiver dans les mares et les creux des ravins, pour la consommation des habitants et de leurs animaux. Quand dans une année les vents d'est règnent souvent, il y a abondance d'eau, parce que c'est alors que les brouillards sont le plus épais, et les distillations le plus abondantes ; la quantité obtenue chaque jota : est de plus de vingt *botas*.[1]

« Il y a dans le voisinage de l'arbre un gardien préposé par le conseil, logé et salarié, lequel délivre à chaque maître de maison sept bouteilles d'eau par jour, sans compter celle qui se donne aux gentilshommes et personnages d'importance ; ce qui est encore considérable. Les chefs de maison *(vecinos)* sont au nombre de deux cent trente environ, et la population totale est de plus de mille ames, qui toutes n'ont guère pour boire que l'eau fournie par cet arbre. »

L'arbre saint, qui, selon le rapport de Galindo était encore, à la fin du XVIe siècle, entier et sain, fut renversé peu d'années après par un ouragan. Plusieurs écrivains ont parlé de cet évènement qui fut pour les habitants de l'île une véritable calamité ; mais ils ne s'accordent pas sur la date : Nuñez de la Peña le place en 1625, et le P. Nieremberg quatre ans plus tard ; mais Garcia del Castillo cite un arrêté du corps municipal de l'île, qui, au mois de juin 1612, ordonne de déblayer les réservoirs encombrés de terre et de branchages par suite de la chute de *l'arbre saint*.

---

[1] Le mot *bota* désigne tantôt une bouteille en cuir cousu, dans laquelle les voyageurs ont coutume de porter leur vin, et qui en contient de deux à trois litres ; tantôt un baril ou une futaille, comme celles où l'on garde l'eau à bord des navires.

Désiré Roulin

Le mot *tilo* en espagnol signifie tilleul, et c'est probablement dans ce sens que le prend Galindo, qui, ne veut pas que le *garoé* soit un *tilo*. Mais nous savons qu'il existe dans plusieurs des Canaries un laurier appelé par les botanistes *til*, *till* ou *tillas*, noms qui se rapprochent trop de celui de *tilo*, pour ne pas croire qu'ils désignent un même végétal. Cet arbre est le *laurus foetens*. A la vérité, Galindo nous dit qu'il était le seul de son espèce, ou que du moins on ne trouvait dans tout le voisinage aucun arbre qui lui ressemblât ; mais il se pourrait bien que ce vieux laurier, en raison de sa position isolée, plus encore que de son utilité, fût le seul dans l'île qui eût été épargné au milieu de la dévastation générale des forêts ; dévastation que les Espagnols ont à se reprocher pour les Canaries aussi bien que pour leurs possessions d'Amérique.

Nous avons dit dans un précédent article comment, au Brésil et dans la Colombie, des espèces toutes nouvelles apparaissaient sur divers points, après l'incendie des grands bois ; quelque chose de semblable se voit aux Canaries. Des végétaux d'Europe, arrivés à la suite des soldats européens, ont opéré aussi leur conquête, et continuent encore aujourd'hui à repousser la population primitive.

« Les races de plantes indigènes, dit M. de Buch, disparaîtront entièrement comme ont disparu les Guanches, anciens habitants de l'île, et bientôt sur les lieux même, il sera aussi impossible d'avoir des renseignements sur leurs espèces et les lieux qu'elles occupaient, qu'il l'est maintenant d'en avoir sur la langue du peuple courageux qui, il y a quatre siècles, habitait encore ce pays. »

Les Espagnols, quand ils conquirent Ténériffe, trouvèrent trop long d'arracher les arbres de la famille des conifères, qui couvraient tout l'espace depuis les pentes jusqu'à la mer, ils les brûlèrent. La plupart des botanistes qui sont venus à Ténériffe, n'en ont pas une fois vu un seul pied, et il était réservé à M. Chr. Smith de prouver que ces bois étaient formés par une espèce très remarquable de pins.

A l'île de Fer, les bois en général ne s'avançaient pas aussi bas qu'à Ténériffe, mais ils couvraient toutes les hauteurs. « Le pays, dit Bontier, chapelain du sieur de Bethancourt, est très mauvais une lieue tout en tour par devers la mer ; mais sur le milieu du pays qui est moult haut, est beau pays et délectable ; et y sont les boccages grands et sont verds en toutes saisons, et y a des pins plus de cent mille, de quoi la plus grande partie sont si gros que deux hommes ne les sauraient embrasser, et y a des eaux en grand'-planté... »

Aujourd'hui que les arbres ont été abattus, les eaux sont devenues rares. A la vérité quelques auteurs ont prétendu qu'il en avait toujours été ainsi, et Dapper va jusqu'à dire qu'à l'époque de la conquête de l'île, les Européens, qui ne trouvaient d'eau nulle part, se voyaient menacés de mourir de soif. Suivant lui, ils allaient se retirer, lorsqu'une femme canarienne, par amour pour un des hommes de l'expédition, les conduisit vers l'arbre saint, que ses compatriotes avaient environné de branchages amoncelés, afin d'en dérober la connaissance aux étrangers.

Il est probable que Dapper a tiré de son imagination toute cette histoire. Il écrivait trop et trop vite, pour faire beaucoup de recherches ; c'était un de ces intrépides compilateurs dont j'ai parlé plus haut. S'il eût pris seulement la peine de consulter le livre de Bontier, imprimé en 1630, c'est-à-dire moins de quarante ans seulement avant le sien, il aurait vu que la précaution de cacher un seul arbre eût été superflue, puisqu'alors il y en avait beaucoup d'autres qui fournissaient également de l'eau. Voici, en effet, ce que dit le bon chapelain au chapitre 65 : « Si parlerons premièrement de l'isle de Fer, qui est une des plus lointaines ; c'est une moult belle isle... et est le pays haut et assez plain, garni de grands bocages de pins et de lauriers, portants meures si grosses et si longues que merveilles... et au plus haut du pays, sont arbres qui toujours dégouttent eau belle et clère, qui chet en fosse auprès des arbres, la meilleure pour boire que l'on sçaurait trouver ; et est icelle eau de telle condition que, quand on a tant mengé que on ne peut plus, et on boit d'icelle eau, ainchois qu'il soit une heure, la viande est toute digérée tant, qu'on a aussi grand voulenté de menger qu'on avait auparavant qu'on avait mengé. »

On pourrait croire, d'après quelques mots de Solin, que cet auteur a voulu parler de l'eau qui « au plus hault du pays choit en fosse au pied des arbres, » s'il n'était évident qu'il ne fait, dans tout ce chapitre, que suivre Pline pas à pas, en changeant seulement les mots, et souvent aux dépens du sens. Bontier est au reste, je crois, le seul écrivain qui ait parlé des tils des montagnes comme donnant également de l'eau. Aussi l'éditeur de son livre a-t-il soin de prémunir le lecteur contre cette erreur prétendue et d'avertir en marge qu'il n'existe qu'un seul arbre doué de cette propriété.

La sentence portée par Bacon paraissait être sans appel ; et, pendant près de deux siècles, il n'y eut plus à s'occuper de l'arbre saint que quelques Canariens, pour qui c'était en quelque sorte une affaire d'amour-propre national. Presque tous, si l'on en excepte Viera, mirent dans leur défense plus de zèle que d'habileté ; Viera lui-même laisse beaucoup à désirer, et M. Bory de Saint-Vincent est en effet le premier écrivain qui ait traité convenablement cette question.

« Il est de l'arbre a dit M. Bory, comme de beaucoup d'autres faits d'histoire naturelle, qui, exagérés, ont du passer pour des contes, et qui, réduits à leur juste valeur, deviennent des choses toutes simples. Nous voyons tous les jours dans nos jardins, après un brouillard épais, les arbres qui ont les feuilles dures et polies telles que les orangers, les nerions, les lauriers-cerises, tout couverts de gouttes d'eau. Supposons dans un pays chaud un lieu où les brouillards s'amoncèlent sans cesse, les végétaux qui y croîtront en feront autant que nos lauriers-cerises. Sans leur secours, l'eau des nuages absorbée par la terre ne sera d'aucune utilité pour le pays, et retournera à l'océan par des issues cachées. »

Un auteur trop peu connu en France, White, dans son Histoire naturelle de la paroisse de Selborne, avait déjà eu occasion de considérer ce mode d'action par lequel, dans des circonstances particulières, les arbres condensent et versent, sous forme liquide, l'eau qui se trouvait suspendue dans l'atmosphère à l'état vésiculaire.

« Dans les temps d'épais brouillards, les arbres, dit-il, surtout ceux qui occupent des lieux élevés, agissent comme de véritables alambics ; et il est difficile, pour qui n'a pas suivi de près le phénomène, de se figurer quelle quantité d'eau un seul arbre distille dans l'espace d'une nuit. Cette eau qui résulte de la condensation des vapeurs, dégoutte des branches et des rameaux de manière à baigner entièrement le sol. Au mois d'octobre dernier (1775), j'ai vu, par un jour nébuleux, dans la ruelle Newton, un chêne, encore en feuilles, verser une pluie si abondante et si continue, qu'au-dessous, le chemin était couvert d'une boue liquide, et l'eau ruisselait dans les ornières, tandis que partout ailleurs le sol était sec et presque pulvérulent. »

« Les arbres garnis de leurs feuilles, ajoute-t-il un peu plus loin, offrent une surface incomparablement plus grande que ceux qui en sont dépouillés. La condensation qu'ils opèrent doit être beaucoup plus considérable ; mais comme en revanche, ils absorbent bien davantage d'humidité, il est difficile de déterminer à priori lesquels des arbres, feuillés ou non feuillés, doivent laisser dégoutter le plus d'eau. Voici d'ailleurs ce que j'ai pu remarquer, c'est que les arbres caduques, très garnis de lierre, semblent être ceux qui en distillent le plus. Les feuilles de lierre sont lisses, épaisses et froides ; elles remplissent donc toutes les conditions d'un bon réfrigérant ; à quoi il faut ajouter que, n'étant pas spongieuses, elles ne retiennent presque rien de l'eau qu'elles condensent.

« Les arbres, en même temps qu'ils reprennent l'eau à l'atmosphère, empêchent celle du sol de se dissiper par l'évaporation ; c'est à cette double cause que tient l'humidité qu'on observe toujours dans l'intérieur des bois un peu épais. Il n'y a donc pas lieu de s'étonner que la présence des forêts exerce une influence notable sur l'abondance des eaux courantes on stagnantes. Les effets de cette influence sont suffisamment prouvés par les changements survenus dans l'Amérique du Nord, où depuis que l'on a commencé à faire disparaître les forêts, les eaux ont sensiblement diminué. Plusieurs lacs ou étangs ont décru d'une quantité notable, ou même se sont entièrement desséchés, et des cours d'eau qui, il y a un siècle, étaient considérables, suffisent à peine aujourd'hui pour faire tourner un moulin. »

L'Amérique du Sud a subi, sous l'influence des mêmes causes, des changements tout pareils, et j'ai pu moi-même les constater maintes fois. J'eus, il y a quelques années, l'occasion d'examiner un grand nombre de vieux titres de possession relatifs à des biens ruraux ou à des mines, et je fus obligé de comparer l'état actuel avec l'ancien état. Très souvent je cherchais vainement sur le terrain des prises d'eau, des sources, des lagunes, indiquées dans les titres, et alors j'étais comme certain de rencontrer la preuve que les hauteurs voisines avaient été, dans l'intervalle, dépouillées des bois qui les couronnaient. Quelquefois l'effet avait suivi de si près la cause, que des esclaves nés sur l'habitation et témoins du dessèchement progressif des eaux, se rappelaient l'abatis d'arbres qui avait eu lieu dans leur enfance, et ne se trompaient point sur les résultats qu'avait amenés cette folle dévastation.

L'œuvre de destruction a été consommée dans les Antilles bien plus tôt encore qu'à la terre ferme ; mais lorsque les Européens vinrent pour la première fois s'y établir, les bois de ces îles purent souvent leur offrir la même merveille que ceux qui, à l'arrivée de Bontier, couvraient le centre de l'île de Fer ; c'est du moins ce que Purchas et Ramusio assurent pour l'île de Saint-Thomas.

Sur le continent même, les forêts vierges des Cordillères offrent aujourd'hui encore quelque chose d'analogue. J'eus l'occasion de l'apprendre à mes dépens lorsque je passai la première fois le Quindiù pour me rendre d'Ibague à Cartago. Me trouvant dans la région des chênes, sur une hauteur que les brouillards enveloppent une grande partie du jour, je fus mouillé par une ondée à laquelle j'étais loin de m'attendre, car le ciel était parfaitement serein. Un peu de vent qui agitait les arbres sous lesquels je marchais faisait tomber en pluie l'eau que les feuilles lisses de ces chênes avaient condensée, et qui s'y était réunie en nombreuses gouttelettes. Les parties découvertes du chemin indiquaient par leur sécheresse qu'il n'avait pas plu depuis plusieurs jours.

Dobereiner, dans ses Recherches sur l'influence de la pression atmosphérique dans le développement des végétaux, dit qu'un jeune Anglais qui traversait comme prisonnier l'Amérique espagnole, avait observé que, sur les hautes montagnes, les arbres, même par le temps le plus sec, exhalaient une quantité d'eau considérable, cette eau tombant quelquefois comme une véritable pluie.

On voit que le professeur d'Iéna considère l'eau comme fournie par les arbres et non par le brouillard ; il le dit même un peu plus loin en termes précis, et il pense que cette exhalation qui, suivant lui, n'a lieu que sur les hautes montagnes, est due à la diminution de pression atmosphérique. Mais il est très probable que si le phénomène se montre plus souvent sur les hauteurs, cela tient surtout à la propriété qu'ont les montagnes d'attirer les nuages, qu'on voit en effet comme fixés sur leurs flancs ou leur sommet, une grande partie du jour, lorsqu'on n'en aperçoit nulle part ailleurs.

Plusieurs botanistes, il est vrai, ont été conduits, par leurs observations et indépendamment de toute idée systématique, à admettre dans certains arbres une exhalation assez abondante pour produire des effets semblables à ceux dont parle M. Dobereiner. Parmi les divers exemples qu'on en cite, le plus frappant est celui du *Cuboea pluviosa* du Brésil (*cesalpina pluviosa* de Decandolle).

Ce cubaea est un grand arbre de la famille des légumineuses, dont le tronc est fort droit, et dont les branches s'élèvent à plus de cent pieds de hauteur. « Lorsque je m'approchai pour la première fois de cet arbre, dit le père *Leandro del Sacramento*, je sentis tomber sur moi des gouttes d'eau claire en si grande abondance, que je m'imaginai qu'il pleuvait, et en conséquence je restai là quelque temps pour attendre que la pluie passât. Enfin, voyant que cela continuait toujours sans augmenter ni diminuer, le ciel, d'ailleurs, étant serein, je pris le parti de continuer ma route. Aussitôt que je ne fus plus au-dessous de l'arbre, je ne sentis plus de gouttes, mais il ne me vint pas autre chose à l'idée, si ce n'est que la pluie avait cessé. Revenant plus tard par le même chemin, je vis encore que sous l'arbre les gouttes d'eau tombaient comme la première fois, et alors il ne me fut plus permis de douter que c'était du feuillage même de l'arbre qu'elles émanaient. Six fois différentes, dans les mois d'octobre et de novembre, j'ai revu cet arbre, et il m'a présenté le même phénomène *par un soleil ardent* et un temps serein. J'ai observé sur les rameaux floraux *près de leur insertion aux rameaux de l'année précédente*, et dans une longueur de quatre à six pouces, une humidité très sensible. Sur quelques rameaux, il y avait des *amas d'écume au milieu de laquelle vivaient des larves nombreuse d'insectes*, auxquelles probablement cette écume était due. Les plantes qui croissaient sous l'arbre étaient humides et vigoureuses. Je crois que le fait ne doit pas être considéré comme un phénomène morbide, puisque l'émanation de l'eau n'avait lieu en nul autre point qu'à l'union des fleurs terminales avec les autres branches. Je n'ai plus eu l'occasion de voir l'arbre après l'époque de la floraison, de sorte que je ne saurais dire si l'exhalation est limitée à cette époque ou dure toute l'année. »

Il se pourrait bien que le père Leandro se fût mépris sur la véritable nature du phénomène, c'est du moins ce qu'on est porté à soupçonner lorsqu'on compare son observation avec une autre faite tout récemment à Madagascar par un naturaliste français, M.

Goudot.

L'arbre qui a été l'objet des remarques de M. Goudot appartient à la famille des urticées. C'est une sorte de mûrier à feuillage coriace et touffu, dont l'espèce est assez répandue dans les environs de Tamatave. M. Goudot en a vu tomber au milieu du jour, principalement *vers l'heure de midi et sous les rayons brûlants d'un soleil presque vertical*, une pluie fraîche et abondante.

Afin d'observer de plus près le phénomène, M. Goudot est monté sur les branches de l'arbre, et il n'a pas tardé à reconnaître la cause de cette pluie singulière. *Autour des pousses de l'année*, qui étaient vigoureuses et bien chargées de feuilles, il a vu des *groupes considérables de larves couvertes d'une mousse blanchâtre*. Ces larves sont dans une agitation constante ; elles se poussent, se pressent les unes les autres, pour prendre place sur l'écorce tendre dont elles extraient la sève en quantité suffisante pour que leur corps soit toujours saturé d'humidité.

La sève aspirée par ces larves est bientôt rejetée, soit par des organes particuliers disséminés sur la surface de leur corps, soit par les conduits excréteurs ordinaires, et elle forme des gouttelettes qui se réunissent en gouttes plus larges. Cette exsudation a paru à M. Goudot devenir d'autant plus abondante, que le soleil était plus ardent ; et cela est du reste conforme à l'observation générale que l'activité des larves croît à mesure que la température de l'atmosphère s'élève.

Vers le soir, lorsque la puissance des rayons solaires est sensiblement diminuée, la production du fluide si étrangement sécrété, est en partie suspendue, et les gouttes tombent lentement ; à mesure que la nuit s'avance on n'entend, plus qu'une goutte qui tombe de loin en loin. Enfin bientôt tout cesse pour recommencer graduellement le lendemain aux premiers rayons du soleil.

Quand le même arbre porte, comme cela se voit souvent, cinquante et jusqu'à cent groupes de larves, la sécrétion du liquide est assez abondante pour représenter une véritable pluie. Au mois de février, l'an passé, M. Goudot, pour recueillir un peu de ce liquide, a placé un vase au-dessous d'un groupe composé d'une soixantaine d'individus parvenus à la moitié de leur grosseur ; comme le soleil était ardent, les gouttes étaient très grosses, et se succédaient très rapidement, à tel point que, même avec les pertes dues à l'évaporation, un litre eût été rempli en une heure et demie. L'eau ainsi recueillie est limpide ; M. Goudot en a goûté, et ne lui a trouvé aucune saveur désagréable. Exposée à l'air, elle finit par se troubler et prendre une teinte jaunâtre.

L'insecte dont la larve sécrète ce fluide appartient, suivant M. Goudot, au genre *cercopis* de Latreille, et est très voisin du *cercopis spumaria* d'Europe. L'insecte parfait atteint une longueur de trente-six millimètres. Après sa métamorphose, il reste encore habituellement posé sur l'écorce des jeunes branches, et fait aussi, de temps en temps, sortir de son corps de petites gouttes d'une eau limpide.

Quoique relatives à des arbres de différentes familles, les deux observations offrent plusieurs points frappants de ressemblance. Dans l'une comme dans l'autre, nous voyons les larves vivant au milieu d'une mousse écumeuse formée aux dépens du végétal ; le point d'où l'eau émane exclusivement est aussi le même dans les deux cas, c'est à l'union des nouvelles pousses avec les anciens rameaux, au point où les sucs sont le plus abondants, et où l'écorce peut être le plus facilement attaquée ; enfin, dans les deux cas, c'est pendant la chaleur du jour que tombe cette étrange pluie. La cause assignée par M. Goudot pourrait bien être la seule vraie son observation mérite plus de confiance comme ayant été faite de plus près ; mais il n'est que juste de remarquer que le mûrier de Tamatave n'avait pas, à beaucoup près, la taille du *cuboea* du Brésil, et que l'observateur avait cinquante ans de moins.

Si dans les divers cas que nous avons cités l'exhalation ne paraît entrer pour rien dans la production de l'eau versée par les arbres, ce n'est pas que, dans d'autres cas, cette cause ne puisse produire des effets plus ou moins analogues. Les plantes, en effet, ont, comme les animaux, leur transpiration, et l'eau, quoique sortant habituellement sous forme de vapeur, peut apparaître quelquefois à l'état liquide, en gouttelettes, comme la sueur. C'est ainsi qu'on observe fréquemment des gouttes d'eau qui se forment au sommet des feuilles du blé à l'heure où le soleil se lève. Ces gouttelettes se voient aussi sur les dentelures de certaines plantes ; elles sont rangées avec régularité sur la feuille de la capucine. On en voit aussi parfois sur les feuilles de la vigne, mais seulement à la face inférieure.

On avait cru jadis que ces gouttelettes d'eau, très visibles au soleil levant, étaient déposées par la rosée ; mais Mussenbroeck a montré qu'elles doivent être rapportées a l'action du végétal vivant, puisqu'on les trouve aussi sur les plantes abritées.

L'eau contenue dans les urnes du *népenthès* est aussi exhalée par la plante, et non introduite du dehors. Quelques botanistes assurent même que le petit couvercle par lequel le vase est surmonté s'abaisse lorsqu'il doit pleuvoir, de sorte que l'eau de pluie ne saurait y pénétrer. Il est certain que cet opercule s'abaisse et s'élève par mouvement propre, mais on ne sait pas encore si le mouvement est en rapport avec l'état de l'atmosphère ou avec la quantité de liquide contenue dans le godet.

On a vu que pour certaines plantes telles que le blé, la capucine, la vigne, l'eau exhalée s'accumule à l'extérieur, que pour d'autres dont le *cephalotus* offre un exemple aussi bien que le *népenthès* ; cette eau s'amasse dans des réceptacles qui ont une communication avec l'air extérieur. Il existe enfin un troisième cas, celui dans lequel le liquide exhalé se verse dans une cavité parfaitement close. Ce cas, qui ne se présente guère dans les climats tempérés, a été rarement observé par les botanistes, et je ne sais s'il se trouve indiqué dans les meilleurs traités de physiologie végétale. J'ai appris à le connaître dans cette même cordillère du Quindiù, où je fus si bien arrosé par l'eau condensée sur les feuilles des chênes.

Je ne me trouvais pas alors dans la région des chênes, mais dans celle des palmiers ; i faisait excessivement chaud, et je mourais de soif, car je marchais depuis six heures sans avoir rencontré un ruisseau. Mes guides souffraient autant que moi, et marchaient tristement sans mot dire, lorsqu'un d'eux s'écria tout à coup « Dieu merci, voilà enfin que nous allons boire ! » et il montrait du doigt un morne arrondi sur lequel il ne semblait pas qu'on dût s'attendre à trouver ni source ni mare. Je n'eus pas le temps de communiquer mes réflexions aux hommes qui m'accompagnaient, car tous s'étaient mis à courir vers le lieu qu'on leur indiquait. En regardant ce monticule, je vis qu'il était entièrement couvert de bambous *(guaduas)* ; jusque-là je n'avais rencontré ces plantes que dans des terres bien arrosées, dans des marécages, des vallées humides, ou au bord des ruisseaux.

En arrivant près des bambous, mon guide s'arrêta, considéra quelque temps les différentes tiges qui faisaient partie d'une même gerbe, en choisit une, et commença à l'entamer à coups de coutelas. En un clin d'œil il eut pratiqué une ouverture d'où s'élança un flot d'eau parfaitement limpide, vers lequel il porta avidement ses lèvres. Cette source tarie, et elle le fut en quelques secondes, il en fit jaillir une seconde, puis une troisième en entaillant deux autres nœuds ; après quoi il attaqua de la même manière une nouvelle tige et obtint le même résultat. Bref, nous bûmes tous ainsi successivement, et nous ne cessâmes de frapper les bambous que lorsque notre soif fut satisfaite.

Quoique l'eau fût en général limpide, fraîche, et sans aucun mauvais goût, cette manière de se désaltérer me parut une des moins agréables : la précipitation ôtait la moitié du plaisir ; puis il fallait quelque adresse pour recueillir le liquide, qui s'échappait en pure perte, si on n'approchait pas assez la bouche, et cessait entièrement de couler, si on bouchait l'ouverture de manière à empêcher l'entrée de l'air.

Il n'y avait pas d'eau dans tous les bambous d'une même gerbe ; et lorsque j'en voulus ouvrir à mon tour, la plupart de ceux auxquels je m'attaquai, se trouvèrent vides. Pour mes guides, ils ne se trompaient pas de même, et il était rare que la tige qu'ils entamaient ne contînt plus ou moins de liquide ; seulement, dans certains cas, ce liquide n'était pas propre à être bu, et avait une saveur amère, styptique, tout-à-fait comparable à celle de l'encre. Alors, au lieu d'être incolore, il présentait une teinte opaline ou même un aspect tout-à-fait laiteux ; d'ailleurs il n'avait rien de cette odeur désagréable que prend l'eau conservée trop longtemps dans des vases de bois.

La quantité d'eau contenue dans chaque entre-nœud variait suivant l'âge de la tige, sa grosseur, la hauteur du nœud au-dessus des racines, et suivant d'autres circonstances que mes guides semblaient connaître, mais que je ne pus bien apprécier. Dans les cas les plus favorables, il m'a semblé que la quantité de liquide était de quatre à six onces.

L'eau des bambous offrit souvent aux soldats espagnols une

ressource précieuse, et qu'ils apprirent promptement à connaître. Ainsi, dans la conquête du Pérou, elle fut le salut d'un corps d'armée de cinq cents hommes que Pedro de Alvarado conduisait par terre, de Puerto-Viejo à Quito. Dans le chemin l'armée éprouva des misères de toute espèce, mais ce fut de la soif qu'elle eut le plus à souffrir. « Le manque d'eau, dit Zarate, liv. 2, chap. X, fut tel, que les soldats auraient été en grand danger de mourir, s'ils n'eussent rencontré une forêt de roseaux d'une espèce particulière, dont l'intérieur est plein d'une eau douce et très bonne à boire. Ces roseaux sont communément gros comme la cuisse d'un homme, de sorte que dans chaque entre-nœud les soldats trouvaient plus d'une demi-azumbre d'eau. Cette eau, ajoute-t-il, est fournie à la plante par la rosée qui la nuit tombe du ciel. C'est du moins l'opinion générale, et elle me semble très juste, car on ne voit pas d'où pourrait venir cette eau, puisque la terre qui porte les roseaux est sèche et entièrement privée de sources et de ruisseaux. »

Garcilasso, dans ses *Commentaires royaux*, en racontant la même expédition, n'oublie point de parler des *roseaux* qui soulagèrent la soif des soldats. Il emprunte le fait à Zarate et à Gomara, mais il ajoute, sur la plante qu'il paraît bien connaître, plusieurs nouveaux détails, et nous apprend que dans la langue du Pérou son nom était *Ypa*.

Dans *la Argentina*, relation rimée de l'expédition au Rio de la Plata, l'auteur, don Martin del-Barco Centenero, qui faisait partie de l'expédition, a consacré dans son troisième chant deux octaves à célébrer ces utiles roseaux.[1]

Oviedo, au chapitre LXXXI de sa *Relation sommaire*, parle de différentes sortes de bambousiers que l'on trouve à la terre ferme, et dont une contient de l'eau dans l'intervalle de ses nœuds ; mais l'espèce qu'il désigne est différente de celle dont il a été question jusqu'ici, elle n'appartient pas au même genre, c'est le grand *nastus chusque*, « dont la tige est grosse comme le bois d'une lance, et dont les nœuds sont espacés de deux empans. » Oviedo fait

---
1 Unas canas he visto y canutones
Tan gruesos como piernas muy crecidas ;
Catorce y quinte tienen poco menos
Cada cana de agua todos llenos.
El agua es muy sabrosa clara y fria.
(CHANT III, oct. 32 et 33.)

remarquer que cette canne qui atteint une grande longueur, et qui est très flexible, ne croît que là où elle peut trouver un arbre qui la soutienne, ce qui fait qu'elle se montre souvent par pieds isolés, tandis que les espèces qui n'ont pas besoin d'un appui étranger, vivent presque toujours en famille. Les détails dans lesquels entre notre auteur, montrent que ce grand *chusque* lui était parfaitement connu, et ne permettent pas de supposer qu'il lui ait attribué par erreur les propriétés du bambou *guadua*.

Il n'y a pas lieu, au reste, d'être surpris que cette propriété de contenir de l'eau dans son intérieur appartienne à deux différentes espèces de bambousiers américains, puisque parmi les espèces asiatiques plusieurs la présentent également, ainsi que nous l'apprenons de Rumphius.

Cet auteur nous dit, en parlant du bambou *Ily*, grande espèce qui croît au Malabar : « C'est à tort qu'on a cru que ce bambou fournissait le tabaxir, c'est-à-dire le sucre des Arabes ; l'espèce de chaux qu'on trouve dans son intérieur, quoique provenant de l'exsiccation d'une eau claire et limpide qui remplissait les tiges pendant leur jeunesse, n'a aucune saveur sucrée. »

Dans un autre endroit où il décrit le bambou *Terin*, qui est originaire de Java, mais que l'on a transporté et que l'on cultive à Amboine, et dans beaucoup d'autres pays, il remarque que, « quoique les tiges du *tenu* soient, à Java et à Amboine, charnues à l'intérieur, de manière à ce qu'on les mange marinées, celles qui croissent sur les hautes montagnes de Banda, où l'air est plus froid, à Bisnagar, à Batecala, et autres lieux de l'Inde ancienne, sont moins grandes, et ne se mangent pas, parce qu'elles sont toujours pleines d'une eau claire, douce et potable, qui, en se desséchant, forme cette substance blanchâtre, sèche au toucher, et semblable à de l'amidon ou à du sucre blanc râpé que les Arabes nomment *tabaxir*, et les Indiens *saccar membu*. »

Une variété du *terin* fort remarquable par sa taille est celle qu'on nomme *Sammat*. Au Malabar, où sa tige acquiert jusqu'à un pied et demi de diamètre, les habitants en coupent des tronçons longs de douze à dix-huit pieds pour en faire des canots qui portent deux hommes. Ils ne laissent que les deux cloisons des extrémités pour former les bouts du canot ; et ils ajoutent à celle du devant une sorte d'éperon destiné à fendre l'eau. Ces embarcations chavireraient aisément, si l'on n'avait soin d'attacher aux deux côtés des roseaux de plus petits diamètres qui font l'office de flotteurs. On a conservé longtemps, sous le vestibule du jardin académique de Leyde, plusieurs tronçons de ce bambou *samma-t*, dont le diamètre était de quatorze à seize pouces.

Les Grecs, à l'époque de l'expédition d'Alexandre, eurent connaissance de ces grands bambous, et de l'usage qu'on en faisait. Pline en parle au chapitre XXXVI de son XVIe livre, et dit que les roseaux dont on fait des barques croissent principalement le long du fleuve Acesines, aujourd'hui le *Tchènât*.

Les bambousiers ne sont pas les seules plantes qui dans les pays tropicaux fournissent, lorsqu'on les entaille, une eau propre à désaltérer le voyageur. Plusieurs plantes sarmenteuses en donnent également, quoique leur tige n'offre pas, comme celle des graminées, des cavités intérieures dans lesquelles le liquide puisse s'amasser à mesure qu'il est formé.

C'est encore le tourment de la soif qui m'a valu de connaître ce fait curieux de physiologie végétale, et mon maître, cette fois comme la première, était un pauvre paysan colombien. Nous gravissions ensemble, sous un soleil brûlant, des collines qui se succédaient à perte de vue et ne nous offraient pas un arbre, pas un buisson ; et je voyais avec peine, d'après la nature du sol et la sécheresse de la saison, que nous n'y devions attendre ni eau de source ni eau de pluie. J'en fis la remarque à mon guide. — Soyez sans inquiétude, me dit-il ; avant peu, nous rencontrerons quelques pieds de vigne sauvage, et nous aurons de quoi nous bien désaltérer. — Cette réponse ne me satisfaisait guère, car je ne pensais d'abord qu'aux raisins qui sont très petits, peu juteux, et d'un goût à la fois aigre et acerbe ; mais je ne tardai pas à apprendre que ce serait aux dépens de la tige et non du fruit que je trouverais à me rafraîchir.

Mon homme n'avait pas achevé son explication, lorsque j'aperçus une vigne vers laquelle je me hâtai de courir. J'en divisai le tronc d'un seul coup de coutelas, et je présentai ma calebasse pour recevoir l'eau qui devait en découler ; mais, à mon grand désappointement, il ne tomba pas une goutte, et même les deux surfaces de coupure étaient à peine humectées. — Si vous m'aviez écouté jusqu'au bout, me dit le guide, qui arrivait en ce moment, vous auriez su qu'on n'obtient d'eau que d'un tronçon coupé par les deux bouts. — Je donnai un second coup, détachai un morceau long comme le bras, et n'obtins pas plus d'eau que la première fois. J'appris alors que le second coup devait suivre immédiatement le premier ; et en effet, agissant ainsi sur un second cep, je vis couler, de l'extrémité inférieure, une veine liquide, du diamètre d'une plume d'oie, et qui ne s'arrêta qu'après plus d'une minute ; le bout détaché était long de trois pieds et avait au plus quatre pouces de circonférence. La quantité d'eau qui en sortit aurait rempli un verre à boire ordinaire. Cette eau était limpide, fraîche, excellente, et à peu près aussi pure que l'eau de rivière. J'ai eu depuis l'occasion d'en faire évaporer plusieurs onces dans un vase de verre, et je n'ai obtenu pour résidu que quelques grains d'une substance gommeuse et presque sans saveur.

Si l'eau ne coule pas lorsqu'on n'a fait qu'une seule coupure, cela tient probablement à la pression atmosphérique, qui refoule au loin le liquide dans les vaisseaux. Lorsque, au contraire, cette pression agit également en-dessus et en-dessous, les deux effets se détruisent, et ce liquide, obéissant à la seule pesanteur, s'échappe hors des vaisseaux. Cependant il se pourrait bien qu'outre cette cause mécanique il entrât dans la production du phénomène quelque action vitale.

Hans Sloane, dans son *Histoire naturelle de la Jamaïque*, tom. II, p. 104, a parlé de cette vigne, qui est connue dans l'île sous le nom de *water-white* ; il décrit très bien ses feuilles en forme de cœur, beaucoup moins découpées que celles de nos vignes et couvertes d'un duvet blanchâtre ; ses petites grappes serrées dont les grains, gros comme ceux du raisin de Corinthe, sont d'un violet foncé. Il la confond d'ailleurs avec la grappe à renard de la Virginie, qui en diffère de tous points.

Sloane nous dit que cette vigne, qui croît sur des collines arides et dans des lieux dépourvus d'eau, est très bien connue des chasseurs. Il indique à peu près la manière dont on recueille l'eau, mais il ne paraît pas qu'il ait connu la nécessité de séparer promptement le tronçon par haut et par bas : cette nécessité était, au reste, connue pour une autre plante américaine. « La liane rouge, dit Valmont de Bomare, rend, quand on la coupe, une eau claire et pure dont les voyageurs altérés font un grand usage ; mais il faut observer, après l'avoir coupée par le bas, d'en couper promptement la longueur de trois à quatre pouces dans le haut pour obliger l'eau à descendre, sans quoi, au lieu de s'écouler, elle remonte dans l'instant vers le haut de la tige. »

Cette liane rouge paraît être une espèce d'arum grimpant.

Humphrey Fitz-Herbert, dans sa *Description des Moluques*, parle d'un végétal qui fournit de même de l'eau : « Je ne sais par quel nom le désigner, dit-il, et si je dois l'appeler arbre ou plante. Sa substance est comme celle d'un tronc de lierre ; sa forme est celle d'une corde grosse de cinq à six pouces, et longue d'autant de brasses. Dans toute sa longueur, cette corde est absolument nue, sans branche ni rejeton d'aucune sorte ; elle est fixée par une extrémité à la terre, par une autre à la branche de l'arbre ; elle est d'un bois plein, solide, sans aucune cavité, et cependant elle donne, quand on la coupe par tronçons, une eau excellente, fraîche, douce, aussi bonne au moins que la meilleure eau de fontaine. Un bout de deux pieds de long en donne la valeur d'une pinte,[1] et cela dans un instant. C'est dans l'île d'Amboine que nous trouvâmes cette curiosité naturelle. » (Purchas, tom. Ier, pag. 697.)

Cette corde singulière était, ou bien une racine adventive comme en poussent certains arbres dans l'Amérique tropicale, ou bien, comme cela se voit dans les mêmes lieux, le produit d'une plante parasite dont la graine, déposée par les oiseaux sur quelques branches, s'y est développée d'abord, puis a envoyé une ou plusieurs racines directement vers la terre pour y chercher une nourriture plus substantielle. Il arrive souvent que ces racines, descendant à la fois, s'enroulent de manière à former des tourillons et à figurer véritablement une corde.

Quand la sève qui remplit les vaisseaux de ces plantes grimpantes est très abondante, que leur hauteur est très grande (plusieurs s'élèvent, quand elles trouvent un appui, jusqu'à des centaines de pieds), alors la pression atmosphérique ne suffit plus pour contrebalancer l'action de la pesanteur qui tend à faire écouler le liquide. » J'ai vu, dit M. Finlayson dans son voyage à Siam, une plante de cette espèce qui, ayant été coupée par accident, rendit, dans l'espace d'une demi-heure, une eau pure, limpide et

---
1 La pinte anglaise n'est que la moitié de la mesure française de même nom.

sans saveur, en quantité suffisante pour remplir un verre ordinaire.

On voit que l'absence d'une section supérieure rendait l'écoulement lent, tandis que, dans les autres cas cités, il était d'une extrême rapidité.

Suivant Dalrymple, il y a dans l'île de Borneo une plante rampante, nommée Bahanoumpoul, qui donne une eau claire et bonne, quoique un peu gommeuse ; il faut, dit-il, la couper hors de terre, sans quoi l'eau se retire. On en trouve au sommet des collines entortillées aux plus hautes branches des arbres, d'où elles pendent en bas. Il y en de plus grosses que la jambe d'un homme : elles ont une écorce très rouge avec de profondes ciselures. »

Outre les lianes, il y a encore dans les régions tropicales d'autres plantes qui donnent de l'eau ; telle est, au rapport du père Labat, celle qu'on nomme aux Antilles balisier, et qui n'est pas le balisier des naturalistes, mais *l'heliconia bihai*. Il suffit d'entamer la tige à la naissance des feuilles pour en obtenir une eau très bonne à boire.

Une plante très voisine des *heliconias* par les caractères botaniques comme par l'aspect, mais qui en diffère principalement en ce qu'elle a une tige ligneuse, le *ravenale* de Madagascar, donne également une eau abondante et très bonne à boire, quand on le perce au même endroit. C'est ce qu'atteste du moins Fressange, qui avait séjourné assez longtemps dans cette île.

Tous les végétaux dont nous avons parlé jusqu'ici donnent une eau comparable à l'eau de fontaine. Quelques-uns, tels que certains palmiers, l'érable américain, etc., donnent un liquide sucré, qu'on peut convertir par la fermentation en une sorte de vin, ou par une prompte ébullition, en sirop et en cassonade. Nous aurons une autre fois l'occasion d'en parler.

ISBN : 978-1977923066

Désiré Roulin

www.ingramcontent.com/pod-product-compliance
Lightning Source LLC
Chambersburg PA
CBHW050242230526
45470CB00005B/2077